你可以
有情绪，

但别往
心里去

目录

第一章 情绪是绽放的生命力
第一节 情绪是生命力的象征　　003
第二节 破防了，小情绪　　006
第三节 情绪韧性的力量　　009

第二章 人生不必太用力
第一节 孤独美学　　015
第二节 内向不是缺陷　　023
第三节 安全地探索完美　　031
第四节 击退烦躁的技巧　　038
第五节 如何科学"外耗"　　043
第六节 钝感力：我所坚持的一种松弛心理　　048

第三章 在互动中成长
第一节 愉快地表达愤怒　　055
第二节 不纠结于对错　　061
第三节 致命的嫉妒心　　067
第四节 被讨厌也没关系　　073
第五节 最高级的尊重，是懂得保持安全距离　　080
第六节 幽默力："自黑"是应对冲突的"化骨绵掌"　　088

第四章 投入亲密有间的爱情
第一节 生气很难改善关系　　　　　　　　095
第二节 冷漠为何是一种暴行　　　　　　　104
第三节 卑微的爱情是否该继续？　　　　　114
第四节 谁的委屈在飞　　　　　　　　　　123
第五节 太敏感会不安　　　　　　　　　　127
第六节 信任力：坐稳亲密关系这辆过山车　133

第五章 那些意难平，时间会摆平
第一节 失败的艺术　　　　　　　　　　　141
第二节 别让受害者心态伤害了自己　　　　149
第三节 被负罪感操控，你不痛苦吗？　　　156
第四节 拯救后悔，万事皆可复盘　　　　　163
第五节 不是丢掉遗憾，而是放下遗憾　　　169
第六节 遗忘力：不是所有的信息都要留住　175

第六章 今天，对明天很重要
第一节 如何应对不确定感？　　　　　　　185
第二节 什么是侥幸心理？　　　　　　　　190
第三节 无力表达的感觉　　　　　　　　　196
第四节 抑郁的尽头，是崭新的生命力　　　200
第五节 太放松，也会焦虑　　　　　　　　205
第六节 灵活度：未知的盲盒更有趣　　　　209

后记：允许一切发生，过松紧有度的人生

第一章

情绪是绽放的生命力

感知情绪是一个人最基本的机能,也是识辨一个人是否有活力的重要标准之一。

每当聊及情绪,总感觉有很多想说的,却又不知该从何说起。这其实就是一种"模糊不清"的情绪感受。

懵懂的年少时期我们还不了解"生命"为何物,于是长辈会向我们解释:"能感觉到疼痛、快乐、忧伤、幸福,你就在活着。"可以如此理解:"只有活着的生命,才具备感知情绪的能力。"

有情绪,会哭会笑,这就是生命依旧鲜活的象征。

第一节　情绪是生命力的象征

一、情绪是活着的证明

　　成为一名户外爱好者之后，我爬过不少山，亦拜过不少佛像。那些盘腿坐定山间，被工匠雕琢而成的石像，面露微笑，低头俯瞰着大地。它们的身体看起来如此坚硬，没有流动的血液，没有跳动的心脏，无法感受到实际的喜悦，也无法感受真实的悲伤。每当登至山顶，被石像们凝视，我总试图在它们的表情里找出生命力的证明，然而，它们是人类用回忆和希望雕刻出来的美好石像。虽然拥有永恒的淡然微笑，但它们没有生命力。

　　我们总是希望人生能过得平静一些，好没有大起大落，日复一日，不要有无益的喜怒。然而一个有血有肉的人，在求得平静前，只有深刻体会，什么是悲伤，什么是快乐，什么是愤怒，什么是温和，才能了解淡然和宁静的位置在哪。这才是生命曾经存在的证明。

　　渐冻症是一种会导致肌肉萎缩和神经退化的绝症，病因至今仍旧不明。患上渐冻症的人会逐渐丧失身体行动能力，但大脑仍旧能够保持活跃。患渐冻症的名人有很多，如"海绵宝宝之父"史蒂芬·海伦伯格，以及我国的京东集团原副总裁蔡磊等。当身体和行动能力如石像般被封印后，渐冻症患者就如同突然被强行按下暂停键，而程序仍在运转的机器人。但与机器人不同的是，他们仍旧拥有情感，仍旧渴望表达，仍旧是有血有肉的生命。

　　情绪，是一种个人的感受。它将我们的行动、思想和感觉连接起来，形成了每个人独有的生命体验。

二、生命是情绪的流动

一个活着的人,一个松弛自在的人,必定能洞悉与自己的情绪相处的法则,并能很好地接纳一切情绪在体内的自然流动。

情绪的流动,是指情绪的变化和传递。

正因充分感受到情绪的流淌,我们才能体会生命的鲜活和丰盈。因为喜悦,我们的心情欢快愉悦,充满了对生活的热爱和期待;因为愤怒,我们的力量被激发出来,坚决捍卫自己的权益;悲伤时,我们倾泻出内心的痛苦,寻求安慰和支持;恐惧时,我们警觉和谨慎,保护自己免受伤害。起伏的情绪流经我们的内心之后,我们才懂得什么是平静。

情绪就像内在声音诗意的表达,那声音藏在我们内心深处,在达·芬奇说过的"有温热的血流过,充满回荡"的地方。

情绪的流动意味着生命力的丰盈,也是创造力的源泉。许多画家、音乐家、演员、作家等,借助情绪流动的力量,塑造出深刻而富有情感张力的作品,唤起受众内心的共鸣和情感共振。情绪的流露和表达,成为他们创意的源泉,使他们的作品富有生命力并具有魅力。

情绪亦是连接生命的桥梁,是人际关系中最重要的软实力。

通过情绪的交流和共鸣,我们能够更好地理解他人的感受和需要,发挥其情绪价值,建立起深厚的情谊。当我们喜悦时,他人会与我们共享这份快乐;当我们悲伤时,他人会给予关怀和安慰;当我们愤怒时,他人可能会帮助我们寻求解决冲突的方式。情绪价值的互相给予,让生命之间更加亲密,从而建立起真挚而长久的纽带。情绪不仅仅是表达自我内在的一种方式,更是连接我们与外界的桥梁,它承载着我们的悲欢离合和喜怒哀乐,塑造了我们的独特个性和共同人性。

与此同时,我们也要认识到,流过我们内心的每一种情绪并非完全正面或有益。正面的情绪需要持续支撑的力量,负面的情绪则需要一个宣泄口。情绪涌动在心头,却找不到平复的方法和宣泄的出口,则会产生意想不到的负面影响。

三、情绪有进有出

人生的不同阶段都会有情绪泛滥的时候。比如我的中学时代，那大概是我最叛逆的阶段，时常带着不满、愤怒的情绪挑战权威，做出了很多非理性的冲动行为。到了大学时代，我变得充满幻想和期待，有着生命力被激活前蠢蠢欲动的蓬勃冲劲。而进入社会后，随着阅历的增加，生命体验的丰富，我切身感受到更多更复杂的情绪，如欲望、冲突、压力、焦虑、恐惧、慌张、寂寞、痛苦……多种情绪交织泛滥，让我时而心如死灰，时而心潮澎湃，时而寂静无声。

这些强烈涌现的情绪，一旦控制不良，无处宣泄，将会引发负面影响。过多的愤怒或悲伤可能导致暴力行为或情绪失控，过多的恐惧积累可能会让我们退缩，限制自己的可能性。

因此，明智地管理和调控情绪，给流过的情绪寻一个"出口"，便尤为重要。而学会表达情绪是一种有效的方式。

采取合理的情绪表达方式，并非抑制或否定情绪，而是通过合理的认知和调控来实现情绪的平衡。换句话说，管理流动的情绪是一个使自己不受其约束的过程。通过对情绪的认知、接纳和适当的表达，我们可以有效地应对情绪，并避免情绪造成负面影响。

允许一切情绪发生，感受情绪的流动，并懂得如何控制负面情绪表达和释放，生命才能得以绽放，蓬勃向上。

第二节　破防了，小情绪

一、大道理都懂，小情绪难控

在过去的十年里，我体会过难以控制情绪而产生的痛苦。

贸然进入完全陌生的领域，在探索的过程中，我品尝了百般滋味，时常感到无助，总是会体验到往前一步是艰难、退后一步是遗憾的经历，也因此见识了令心情跌宕起伏的小情绪。起初，我还心存侥幸地寻找着光落下的地方，但光明迟迟不来。当频繁遇到黑暗时刻之后，我开始迷失在无尽的混乱、失序、恐惧、慌张和绝望里。

如今，虽然我早已走出，但那被困在情绪黑洞里的感觉，我再也不愿有第二次。

后来的某天，当我再次找到曾经的回忆，小情绪竟像梦魇般突然袭来，我慌不迭地流下了眼泪。

> **情绪破防**：是指在遭受刺激后，个体无法有效地控制自己大量的负面情绪反应。在这种情况下，人们可能经历剧烈的愤怒、恐惧、悲伤、无助等情绪，甚至可能出现强烈的身体反应，如快速的心率、呼吸困难、出汗等。

审视我们当下的日常，你是否也有过类似的情绪问题：

失去了动力，每天都无精打采的。

丧失一切兴趣，找不到今后生活的目标。

明明什么都没做，却感到疲惫不堪。

各方面都很顺利，却感觉不到幸福。

莫名心慌，总觉得有什么事要发生，但又不知道是什么。

很容易生气，脾气一点火就着。

更离谱的是，遇到点小事就哭个不停。

……

二、现代人的累，是心累

都市人的压力，远比想象中的大。当压力来袭，虽然心里明白需要挺住，但人们还是会被情绪牵着走。一旦我们失去理性，甚至会将控制情绪抛在脑后，陷入消极情绪里不能自拔。对于不具备情绪韧性的人，甚至会重复出现这种情绪崩溃的状况。

有研究表明，以下是可能引发情绪破防的几种主要原因：

·**重大创伤记忆被触发**　当我们遭遇与过去经历过的创伤相关的刺激时，大脑就会将这种刺激与以往的创伤记忆进行关联，导致重大创伤的记忆被触发。当创伤记忆被唤起时，则情绪很容易瞬间破防。创伤事件可能包括丧失亲人、遭受意外事故、遭受虐待或战争经历等，这些经历都会对个体产生深远的影响。

·**负面情绪积累过多**　如果我们长时间处于高压的环境中，持续承受着各种负面情绪，如焦虑、沮丧和愤怒，那么很容易发生情绪破防的状况。这种持续的负面情绪会削弱我们的情绪韧性，使我们更加脆弱，更容易崩溃。

·**压力过载**　当一个人背负的责任超过他的承受极限，并且长时间缺乏泄压和倾诉的渠道，就容易导致情绪在某个瞬间突然破防。

·**睡眠严重不足**　严重的睡眠不足对情绪和心理状态有很大的负面影响。当我们没有获得足够的睡眠时，身体和大脑无法得到充分的休息和恢复，就会导致精力下降、情绪稳定性减弱以及注意力难以集中。如果这种状态持续发生，可能会导致我们一直情绪低落或其他糟糕的后果，甚至引发情绪破防。

成年人的崩溃总是猝不及防，而瞬间破防的原因要么是经历了暴击，要么是微小事件的超量堆砌。在日常生活里，除了一些重大变故会让我们情绪崩溃外，很多"微不足道的小事"也会让我们内心感到不悦。这些小事，或是回家发现没带钥匙，或是喜欢喝的咖啡洒在了地上，又或只是不经意间听到了旁人的一句话……

　　于是在日复一日地堆积之后，在某个瞬间，人们的心态便毫无征兆地破防了。

　　情绪破防的根本原因是情绪调节能力受到了影响，情绪韧性逐渐消失。我们在日常生活中注意自身的情绪反应和触发点，找到情绪破防的原因，将有助于我们更好地应对每一次情绪波动，并采取相应的情绪调节策略。

第三节　情绪韧性的力量

一个人是否具备低谷反弹力，关键看他是否拥有情绪韧性。

简单来说，情绪韧性就是情绪能够收放自如。难过时，懂得如何将悲伤表达出来；开心时，享受快乐，并知道如何将快乐释放出来；心乱如麻的时候，能很快地使自己安静下来。

一、人人都应拥有的情绪韧性

"我喜欢活着，我有时会痛苦难耐，会绝望无比，会饱受忧愁的折磨。可是当一切过去之后，我仍然能很清楚地认识到，好好活着就是最了不起的事情。"这是推理小说家阿加莎·克里斯蒂在她自传里的一段独白。阿加莎之所以能创作出跌宕起伏的悬疑推理小说，源于她本身所具有的情绪韧性。

一战时，年仅24岁的她奔赴前线去做护理。第一次旁观手术时，她害怕得晕倒了，但以后，她再也没有在这上面栽跟头。她说，尽管医生的手术刀会让她恐惧，但只要过了这一关，就可以平静而饶有兴致地看下去。看到这里，我的脑海里顿时浮现出年轻护士阿加莎，她将冷静的目光穿过对手术场景惊恐万分的其他护士，投向手术台的画面。

阿加莎认为，真谛就在于人总能适应习惯。面对恐惧，阿加莎能够很好地适应它，并将其转化为战胜恐惧的积极力量。面对产生的所有情绪，她都展现了良好的适应能力和心理恢复能力。

"我会待在死神接待室里，坚持享受生活的乐趣。"阿加莎在她的自传里最后说道。

阿加莎展现出拥有情绪韧性最美好的样子。

二、缺乏情绪韧性而产生的"撕裂"感

当今社会，人们要面对诸多压力和挑战。在这些压力和挑战下，有的人应对自如，有的人则陷入绝望。陷入绝望的人，会变得偏激和极端。而偏激的人往往思维偏执、极度敏感，容易自我否定，对失败和伤害耿耿于怀，没有自信，不信任他人，不认为自己还有绝处逢生的机会，容易钻牛角尖并且偏执、固执，进而陷入极端，这就是一个人缺乏情绪韧性的表现。

精神分析学里，这种缺乏情绪韧性的表现被称为暴力"撕裂"感，非黑即白，非此即彼，只有恨没有爱，只允许痛苦不允许快乐，如果快乐则是辜负了困难等。

其实，这种"撕裂"感在生活中非常普遍。比如，人们只推崇和颂扬成功者，对落败者绝口不提；人们只愿接纳正面积极的情绪，而愤怒、痛苦、恐惧、焦虑等不良感受是不被允许出现的；还有人认为自己的观点都是对的，他人都是不对的。虽然"撕裂"是人们逃避不舒服情绪的方法之一，但当人们产生"撕裂"倾向时，不舒服的情绪和体验不一定会减少。

当失去情绪韧性、处于分裂状态时，就会深陷某一种情绪中，只愿意去看事物的一面。比如，一个人只失败了一次，就认为自己将永远失败；永远只展示自己完美的一面，而拒绝承认自己存在的不足。

三、修炼情绪韧性的重要性

经过大量的研究和调查，心理学家达科沃斯发现，决定一个人成功的关键因素并非智商、情商、人脉或天赋，而是坚韧不拔的意志。生活中我们难免会遇到不尽如人意的事和必须面对的挑战，但我们可以发挥情绪韧性的力量，采取积极主动的态度应对不如意和困难。

人生顺遂与否，可以说与情绪韧性息息相关。良好的情绪可以给我们带来积极正面的感受，糟糕的情绪也有其警示和提醒功能。当一个人过度留恋他人的赞许，就会丧失自我认可的能力，终将落入焦虑和浮躁之中，

不能感受到满足和快乐。一个拥有情绪韧性的人，在面对重压和失败时，能够以轻盈的姿态接纳压力，妥善地处理理想与现实之间的差距和矛盾，调整目标后，继续努力前进；而失去情绪韧性的人，无法接受任何挫败和打击，遇到困难便停下脚步，失去信心和前进的力量，即便拥有能力与特质，也无法将其发挥出来。

> **情绪韧性包含两个方面的能力**：积极情绪的复原力和良好情绪的维持力。一个拥有情绪韧性的人，不仅可以从压力性情境导致的负面情绪中恢复过来，实现逆转。同时，还能在持续的压力中维持良好的情绪状态，激发潜能，抵达巅峰。

帮助我们修炼良好情绪韧性的方法：
- 认识情绪——了解情绪是什么。
- 感受情绪——感受情绪的自然流动。
- 关注情绪——保持对情绪的关注度。
- 管理情绪——积极推动对情绪的管理。

情绪可以是良性的，也可以是恶性的；当出现恶性情绪时，我们可以采取措施，释放情绪韧性的力量。

拥有情绪韧性，就能够自如地调整自己的情绪，同时也能帮助身边的人调节情绪。

掌握与情绪相处的技巧对我们的人生至关重要。时常对情绪施予关注和维护，我们才不会为情绪所左右，从而向心目中的目标前进。

自己的坏心情所累，任其打扰我们的思绪；把我们的情绪安抚好，保持为好心态，收获松弛感，你要选择哪一种呢？

在所有情绪问题中，"孤独感"一直以来都是大众的情绪之一。关于"孤独感"，我们从它造成的精神"内耗"说起。

第二章

人生不必太用力

　　心理学者武志红说:"人生最痛快的活法,是忠于自己的感觉。"
　　遵从自我真实感受的人,能更从容地理解他人、理解关系,走在内外稳定的道路上。
　　学会尊重自己的真实需求,发自内心地认同自己,并懂得如何理解多元的认知差异,学会平衡调节冲突感和压力度,方能收获收放自如的人生,获得生命的松弛感。

第一节　孤独美学

一、什么是孤独

孤独感是人类最原始的情绪之一，是生命诞生之初就存在的感受，并且几乎会伴随我们一生。

什么是孤独呢？

在文人的笔下，孤独很美。

"从童年起，我便独自一人照顾着历代星辰"，这是白鹤林诗里所描绘的孤独。"我的对话，只是自己的独白"，这是蒋勋先生所认为的孤独。

作为一个偏爱独行的旅人，我所感受到的孤独是，离开、消失，沿着狭窄的道路，只身走向忘却之地，最终实现自我成长的过程。

从心理学的角度谈孤独，孤独的实质是"疾苦荒凉"。

当个体需要与他人建立联结，却没有实现，此时内心不舒适的感受便叫作"孤独感"。倘若个体对与他人建立联结的需求没有那么强烈，甚至可有可无，那么便不会感到孤独。

然而人类本就是不可能与人际关系割离的社会性动物。

人一旦感觉到孤独，危机感便会到来，随之就会陷入痛苦不安、无助彷徨的境地，仿佛是被流放到无人荒野一般。

孤独有很多种，存在主义心理学家欧文·亚隆将孤独分为三种类型，即人际孤独、心理孤独和存在孤独。人际孤独和心理孤独是最常见的两种孤独形式，存在孤独则是最深层次的孤独。雪莉·特克尔在她的著作《群体性孤独》中描述了这样的场景："亲人相聚，不是谈心，而是各自盯着电脑和手机；朋友聚会，不是叙旧，而是不停地刷新网络媒体；课堂上，老师在讲课，学生却在谈天说地；会议上，别人在发言，听众则在埋头看信息。这些现象就是'群体性孤独'。"

"群体性孤独"有表面合群，实则内心依旧孤军奋战的意味。长期以来，人们要想在群体里不落单，融入集体，建立归属感，就需要拼命地展现出从众合群的态度，不合群的人则会被视作不入流的孤僻者。殊不知，不合群是表象的孤独，合群却是内心真实的孤独。内心的孤独往往比表面的孤独要痛苦很多，并且不会因为身边人多而消减。

聊天时朋友说："最近突然不想上班，不想见同事，但不知道该和谁请假，所以，只好硬着头皮去公司。"另一位朋友接着说道："我也是，现在每天下班开车回家，都会在车里坐上半小时再上楼，我只想一个人静静。"

搜索社交网站，我们可以看到诸多关于孤独感的表达：

·我今年20岁，我感到孤独无助："刚进入社会的我，发现曾经梦想的工作要么收入很低，要么要求很高，我不知道该如何选择，很担心会选错。尽管我有很多朋友，但他们并不能替我做任何决定，我实在是有点不知所措了。"

·我今年35岁，但我感到很孤独："我有一个美满的家庭，有一份稳定充实的工作。我的身体健康状况还不错。总的来说，我的生活还算一帆风顺。但是除了家人外，我没有其他朋友，我很压抑，可能在某些方面，我不值得交往吧。想到这些，我会非常难过。"

网络上流传过一份"孤独等级表"，里面列出了一个人做哪些事情，就代表他的孤独程度有多高。如果按照这个等级表来定义，那么从来都是一个人旅行，一个人吃饭，一个人看病的我，看起来应该非常孤独吧！

这些话题表明大众认知倾向于人应该是群居动物。不管是过节、看电影还是逛超市，都应该有人倾诉和做伴，这才是常态。

二、感受孤独

孤独存在于热闹的人群中，也藏匿在寂静的独居生活里。特殊阶段，很多人居家办公，一切关系的联结完全靠网络。正是这段时光，展现了不同人面对孤独的态度：有的人将独自一人，当成难得安静的一次机会，即便长时间需要与一切关系割离，也能及时调整心态，去抵御孤独感带来的痛苦；有的人则在长时间的静默下，逐渐变得烦躁焦虑，最终丧失了与孤独感共处的能力。

孤独感是一种主观的感受，是个体感觉内心缺乏支持而导致的，一个人是否孤独无法由他人评判。

孤独感是人类与生俱来的一种感受，不会因为有群体依靠就彻底消除。

1. 孤独感深不可测

无法克服的孤独感会造成更深层次的孤独体验。

假如休闲放松是全人类的梦想，那么人类遇见的一次次孤身冒险则是噩梦。每一个述说着人间值得的故事背后，必然存在经历过磨难的痕迹。只有独自挨过苦难时光，我们才能了解什么是真实的欢乐，并赋予孤独感更深层的意义。而无法接受落单，永远在寻找依靠的人，很难拥有提高生存能力的基本心理素质：冷静、理性、决心、信念感和意志力。一旦这种人置身于无人可依的荒凉之中，磨难会迅速将其身心击垮。

在心理咨询过程中，我见过的很多存在心理障碍的人，他们的问题本质上都是孤独。友情和爱情也许能够给孤独的人带去"我终于不孤独了"的错觉，但无法从实质上根除"孤独"。

当孤独患者深陷孤独不能自拔时，会导致两种可能：一种是彻底抑郁；另一种是他会努力去发展一个又一个"靠山"，也就是不断寻找可以依赖的对象。

当孤独袭来，你的内心会变得丰盈，还是会持续"内耗"呢？大多数陷入孤独的人是后者。

2. 孤独并非孤独时的唯一感受

孤独包含了多种复杂的感受。

空虚感。感到孤独时，我们通常会觉得内心空荡荡的，身边没有依靠，因此产生空虚感。空虚感是指精神层面没有寄托，内心空落落的，丧失存在意义的感受。空虚感很容易让孤独的人走向绝望、颓废，过上放浪不羁、无所顾忌的生活。越是曾经努力工作、认真生活，并恪守社会运行准则和法律道德标准的人，越容易因为空虚感而变得颓废。如果导致孤独、空虚的事件颠覆了原本恪守的价值观、道德观和世界观，过去的看法已经很难对该事件进行解释，那么那种无意义的感受会更为强烈，人会瞬间陷入孤独无助、迷茫空虚的状态，不知道坚持的意义在哪里。这是一种非常危险的孤独情绪，很容易让人走向极端。

寂寞感。感到孤独时，我们也会觉得异常寂寞。有时候，即便有人陪伴，但由于关系不算亲密，我们无法得到精神上真正的援助，就会感到寂寞。寂寞的人会有无能为力的感觉，觉得自己像汪洋大海里弱小无助的一叶扁舟、繁华闹市中的一声叹息。孤独包含了寂寞，但是寂寞的人并不一定孤独。如果一个人的孤独情绪不能得到缓解，那么寂寞就会蔓延开来。孤独感有时候也可被观测到，但寂寞感是一种源自内心的无奈思绪。有研究证实，偶尔的寂寞有助于我们清醒地面对喧嚣的尘世，但寂寞太久则会让自己多愁善感。

不安感。当自我支持系统不够完备时，一旦需要一个人去面对问题，我们常常会感到孤独无依、无助不安。一般这种不安感更多的是因为我们对自己缺乏信心，感觉自己无法独自应对挑战和困难，所以感到慌张不安。不安的孤独感,有时候会逼自己变得更强大,有时候也会使自己更加慌乱。对于经常感到不安的孤独者来说,身边有人总比没人好。

无聊感。习惯了依赖他人的人,一旦独处,就容易感到无聊。无聊是一种漫无目的、丧失兴奋点的感受。如果一个人无所事事,找不到自己想要做的事,长此以往,就会感到烦躁,失去活力。极度无聊的人,会试图逼自己通过高风险的活动来找回生命力的刺激感,如飙车等极限运动。

如果孤独的情绪长时间找不到排解出口,不仅会使人感到寂寞、空虚、不安、无聊,甚至可能会引发焦虑和抑郁。孤独的人可能会担心自己被孤立或被忽视,感到自己与他人无法建立真正的联系和情感互动,并感到自我价值感下降,不停否定自己,甚至怀疑自己缺乏吸引力和社交魅力,以及缺乏和他人建立稳固关系的能力。

当孤独情绪来临,你会选择独自克服还是依赖他人?

"想要有人可以和自己说说话""不愿意自己一个人待着""不能接受与他人失去联系",有这些想法的人是惧怕孤独的,他们需要通过不断地寻求关系的联结,才能继续生活下去。习惯性依赖他人的孤独者永远会带着逃避心态来面对孤独情绪的侵袭。一旦他们缺少他人的支持,就不能决定自己的行动。

三、孤独创造可能

有时候,孤独之所以很美,是因为孤独是一种境界。

存在主义孤独,就是一种近乎遗世独立的孤独境界,是一种个体主动选择停留在孤独里的超脱境界。

你的孤独是表面的孤独,还是内心的孤独?是被迫的折磨,还是主动的选择？

有一群人在默默规划如何体面地"孤独终老"，他们被称为"终身不婚育者"。在同龄人为婚恋和事业发愁、中年人为家庭和孩子打拼、老年人忙着带孩子的时候，这类不婚不育者却在认真地思考"如何把一个人的生活过好"。他们已经领悟了，无论身边有没有人陪伴，最终都难逃独自一人离开这个世界的结局。谁不是孤独终老？他们只是更冷静，更理智，早早就做好了独自过一辈子的打算。当然，如果他们遇到对的人，也乐意与对方牵手同行。

美国心理学家兰迪·弗罗斯特认为孤独分为两种类型：被迫孤独和主动孤独。被迫孤独通常与强烈的寂寞感和痛苦有关，可能会对个体造成伤害。相比之下，主动孤独是一种人格特征，其目的不是单纯地独处，而是更好地关注和发展自身。

当孤独情绪来临时，我们应化被动为主动，因此，学习与孤独情绪的共处之道非常关键。

感到孤独后，我们可以去做只有"一个人"时才能做的事。

· 制定独处小事　制订计划可以帮助我们主动应对孤独，通过有意识地规划活动，我们可以很好地享受难得的独处。下面是我建议大家在一个人时可以做的小事：

①睡觉，没什么比舒舒服服地睡个觉更适合一个人了！

②散步、打高尔夫、逛博物馆和去电影院看电影、与不同的人进行交谈、在公园里读一本书、游泳，这些都是不错的选择。

③听音乐、冥想、什么都不做（比如让自己坐/躺在某个地方，然后让你的思想自由地游荡）、在外面喝咖啡散步、晒晒太阳。

④听播客/电台。你可以听听和健康相关的主题，也可以听听其他非常有趣的主题。

⑤烹饪。自己做饭真的可以使人更加健康，其实学习做饭的过程就已经如此了。

⑥跳舞。不一定要正式地学习跳舞，仅仅在客厅里播放一些音乐，并随着音乐自由起舞，就可以燃烧一些卡路里，并真正地释放我们的压力。

⑦阅读。我在很多年前就开始培养阅读的习惯，这令我受益良多。独处时最适合专注地读完一本书，这是和很多人在一起时很难做到的。

⑧大扫除和断舍离。具体而言，我常常扔掉不需要的物品，删掉电脑里无用的文件，更新自己的待办清单等。

⑨自我保养，如敷面膜或做按摩。

⑩写日记。

如果你有一直想做但总是没机会做的事情，那么独处时就是做这些最好的时机。记住，做什么事不重要，重要的是，你要选择最适合独处时做，它们能让你享受到一个人的快乐，忘却孤独感给你带来的不好的感受。

另外，用只有独处时才能激活的创造力去抵御无聊，这也是一种转换孤独感的方式。

· **激活大脑，发挥创造力**　心理学研究表明，富有创造力的人更有可能通过一个想法引发另一个想法来富有成效地利用空闲时间，进而消除孤独感和无聊的情绪。

有很多科学家、艺术家和哲学家喜欢思考，他们往往是独处时产生一些好想法。独处时，能激活自己创造力的人，从不会感觉到无聊，因为他们花了更多时间专注于自己的想法，并常常动手尝试。

研究人员发现，在没有手机和互联网的情况下独处时，能调动自己创造力的人会更专注于平常不能专注思考的想法。心理学者说："随着我们越来越过度劳累，日程安排越来越多以及越来越沉迷于电子设备，我认为我们需要在家里、工作场所和学校里做得更好，以便有时间来放松自己的思想。"

孤独感不可怕，无聊的感觉也并非是无法消除，只要你激活沉闷的思维，发挥独处时的创造力，即便一个人也可以过得很有趣。

让我们与孤独作伴。享受孤独，而不是忍受孤独！

第二节　内向不是缺陷

一、被误解的宝藏 I 人

1. 你是 I 人还是 E 人呢？

我是 I 人，路上看见熟人就绕道走的痛苦谁懂？

我是 I 人，比起和没那么熟络的同事们聚餐，我更愿意自己待在家里。

我是 I 人，我对社交的热情比较少，虽然没有严重到社交焦虑的程度，但我更珍惜独处的时间。

什么是 I 人，什么是 E 人？

> I 人、E 人：网络流行语，源自 MBTI 人格理论。
>
> I 人：Introversion 内向者，喜欢独处，享受一个人的自由。
>
> E 人：Extraversion 外向者，社交积极分子，需要聚会活动来蓄能。

面对陌生人：

I 人：不认识怎么讲话？

E 人：不讲话怎么认识？

当咖啡洒了：

I 人：我真是太不小心了。

E 人：咖啡装得太满了吧！

随着 MBTI 十六型人格测试逐渐风靡年轻人的社交网络，人们开始关注到内向者和外向者在相同的情境下所展现的不同心境。

MBTI 是美国作家伊莎贝尔·布里格斯·迈尔斯以心理学家荣格划分的八种心理类型为基础，所建立的一种人格理论模型。MBTI 用内倾型（I：内向）和外倾型（E：外向）来描述一个人的内外倾向程度。内外倾型人格指的是个体对外界刺激的需要程度以及获取快乐的能力。

外向者通常不喜欢闷头做事，热衷于集体活动和聚会，一个人待着时很容易感到无聊。

内向者偏爱独处，更能从阅读、思考、写作、绘画等独处活动中汲取能量。

总的来说，I 人的性格普遍表现为安静、独立，对人群和公共场合较为敏感，高强度、大范围的社交活动很容易让 I 人感到精疲力竭。

2. 被误解的内向者

"在面对陌生人比较多的环境，我会感觉慌张，尽量避免与人过多的接触。"

"与人交流会感到害怕，为避免说错话，我会表现得非常收敛和腼腆。"

"对于需要公开表达主张的场合，我会有强烈的焦虑感。"

"有时候连自我介绍都要在心里默默排练好多遍，而当不得不开口讲话时，我依旧会紧张不已。"

这就是 I 人无奈的内心世界。

"朋友越多越好""朋友多了路好走"这样的观点，相信我们从小到大都听了不少。

在心理学领域，内向和外向仅仅是性格的两种方向，并没有好坏之分，但人们对于内向者的个性还是存在很多偏见。因为偏见，内向者经常遭受着各种各样的误解：

在学校里，常被训斥："虽然你很聪明，但你太内向了，以后很难适应社会。"

在公司中，领导会说："我们需要那种勇于表达自己、积极进取的员工。"同事则问："你怎么老不说话呢？"

网络上有一个问题"什么样的人在社会上比较吃得开"，其中一个回答是："外向型，会来事，会说话。"这个回答获得了多人点赞和转发，其中包括内向的我。

3. 你是哪种内向者

如果说外向者看待问题会偏向于"先利后弊"，那么内向者面对问题则会本能地倾向"先弊后利"。

外向者在行为表现上倾向于"做了再说"，内向者则通常会"三思而后行"。

以社交能力来划分内外向者类型，是大多数心理学家普遍采取的视角。虽然外向者在社交场合更活跃，但大多数内向者并不是不懂社交，只是相对社交更喜欢独处。

根据对"社交的忍受程度"不同，心理学家乔纳森·奇克将内向者分为四种类型，即社交型、思考型、焦虑型和克制型。克制型和社交型都属于有社交意愿的内向者，思考型和焦虑型则在社交活动中永远躲藏在沉默的角落里。依照乔纳森·奇克界定的四种内向者，我用"内向级别"进行内向等级的划分：

①**社交型内向**　内向级别 ☆☆

社交范围较小，情绪较为慢热，一旦进入状态则能与大多数人熟络，并展现出超强的表达能力和社交能力。这种内向者更善于与熟悉的人建立社交关系，并愿意花时间和精力维护亲密的人际关系。

②**克制型内向**　内向级别 ☆☆☆

刻意维持的内向状态。克制型内向者与社交型内向者一样进入状态较慢,一旦熟悉,则能够侃侃而谈,但依旧会维持在较为理智不会过度热络的社交状态。这种类型的人善于察言观色,即便在社交场合依旧能够克制表达欲和表现欲,表现出冷静和理性的社交情绪特征。

③**思考型内向**　　内向级别 ☆☆☆

思考型内向者在社交场合中倾向于保持沉默,并只与亲近的人简单交谈。由于喜欢独处和思考,这种类型的内向者总是会带有一些忧郁和哀伤的情绪。即便在人群里,他们也沉浸在自己的世界里,且容易在社交活动中沮丧或疲倦。

④**焦虑型内向**　　内向级别 ☆☆☆☆☆

焦虑型内向者比思考型内向者更容易产生"社交恐惧"。这类内向者在社交前、社交时、社交后都很容易焦虑不安。对陌生且人多的社交聚会场合持明显的回避和抗拒态度,他们需要花比较多的时间才能让自己在人群里淡定下来。他们常常会在不熟悉的场合紧张、害羞、担忧或恐惧。

二、避而不谈的恐惧和焦虑

弗洛伊德说过:"未表达的情绪永远不会消亡,会在未来某天以更为丑陋的方式出现。"

1. 擅长道歉的内向者

"对不起,都是我的错。""很不好意思,让你不高兴了,无论如何我先给你道个歉。"内向者擅于自省,面对问题时,通常倾向于"是自己的错误"。虽然问题可能不是自己导致的,但为了平息纠纷,他们习惯了主动道歉,对内心真实的忧虑避而不谈。

"你怎么不说话啊?"当内向者听到这句话时,通常很难和他人解释:"我们真的只是单纯地没那么需要和他人说话而已。"

因为不善表达,内向者的内心活动往往比外向者更为活跃。每时每刻,总有很多情绪在内向者内心涌现,比如:

・**害怕担忧感**　一旦觉察到自己的安全将受到挑战和威胁时，人们就会产生害怕和担忧的情绪。由于内向者自我认知和自我保护的意识比较强烈，他们通常会在需要沟通交流、接受他人不同观点的压力情境下，害怕讲错话，担心得罪人。这些不安情绪的产生一般是由于内向者过度在意他人的看法或者害怕受到拒绝、指责。

・**恐慌焦虑感**　这是当内向者身处陌生场合时，对不熟悉的人群和环境产生不适应和回避的内心情绪感受。这种情绪会让内向者总是避免与他人交流。一旦不得不进入交流沟通的情境中，内向者通常会感到手足无措，焦虑不已。

・**社交疏离感**　这种情绪存在于对他人及他人看法不太在意的内向者。这种内向者由于更为追求自我，常常会感到自身与社交环境的不匹配，觉得自己与很多人不太一样，对了解他人以及迎合他人的兴趣不大。因为无法让自己融入社会而感觉自己与社交场合之间存在壁垒。

・**被侵入感**　内向者经常需要更多的独处时间和空间来反思和内省。但在社交活动中，他们可能会有被他人的信息过度干扰或他人侵入自己空间的感觉。

2. 落荒而逃的内向者

一旦可以立即离开社交场合，内向者们会立即逃向一个令自己感到更有安全感的独处空间。

有的内向者会选择宅在家里。在城市里生活久了，大多数内向者变得很"宅"。对于这样的宅家型内向者来说，只有家才能给足他们安全感和秩序感。喜欢宅在家里的人，对居住空间有一定的要求，往往会通过整理房间、静躺静坐、阅读和写作、刷抖音视频、看轻松的电视节目等方式来积蓄自己的能量。

还有的内向者会选择去野外独处。并不是所有的内向者，都喜欢把自己一直"关在家里"，去野外也是一种逃离城市的很好选择。热爱户外活动的内向者对个人空间要求并非多么现代化和智能化，他们更偏爱原生态的生活环境。在那样的环境里独处，呼吸新鲜的空气，离开喧闹的城市和人群，离开手机和外界信息的干扰，对自我能量的恢复更有帮助。

如果一个人的独处空间介于前面两者之间，我想称其为落荒而逃的内向者。无论是在城里"宅家"还是"换个环境去大自然，去其他城市"，他们都极其热衷，只要能够回避烦恼、远离人群，就能够使自己迅速恢复元气。

我在一个偏远的乡镇里生活过一段时间。那里没有电视，没有灯红酒绿，没有电影院，没有游乐场，没有大型超市或热闹的商场，甚至连人最多的镇中心到了晚上八点也鲜少见到行人。整个镇子就一条大路贯穿这个小镇。我住的房子正对马路，马路对面是一个极小的杂货铺。开车的司机停下汽车，买一包烟、一个面包、一瓶水，然后启动车子，匆匆来去。他们不是镇子的居民，只是路过，或许我也一样。在镇上的每一天，我总是晚上不到七八点就结束洗漱，准备睡觉。早上四五点我就会外出散步，看浮云游荡和田间稻禾的露水。虽然日子简单但不单调，我总是可以从路过的每棵大树上寻得与在城市公园里不同的、自由生长的野趣。过去的一段时间，我时常热衷于用这种逃离城市的方法，来让自己短暂地离开被钢筋水泥包裹的城市。

然而，逃避也许可以短暂地屏蔽困扰，但并不能解决问题，问题依旧在，那些摆脱不了的情绪还留在心里。

3. 逃避从来不是最优解

无论是什么类型的内向者，出现情绪问题时，都需要学会处理好自己内心涌动的情绪。

外向者的情绪往往"表现在脸上"，在自我表达方面，会比内向者更主动和直接。由于很少表达自己的真实想法和情绪，内向者更有可能产生心理健康方面的问题。

我们所讲的情绪的流动，即情绪应有进有出，并对每一次刺激做出及时准确的反应。而当情绪只有进没有出，只有涌动而没有双向通路时，那么内心的冲突就会引发情绪的拥堵，进而产生严重的心理问题。

逃避只是不得已的最后一搏，但从来不是最优解。

避而不谈并不会让内向的你感到舒适，反而会加剧焦虑情绪。只有学会平复情绪，恰到好处地表达，告别内向焦虑，你才能获得松弛感。

三、让每一次沉默和表达都恰到好处

内向者与表达的关系总是若即若离。

"想说又不知该如何说"，大多数内向者并不是不会表达，只是很难表达得恰到好处。"从小到大，我从来不敢在大家面前说话，甚至在公共场合遇到熟人，也只能默默躲开。""我做了很多努力，可还是没办法克服，我该怎么办……"

如果每个人都能言善辩，那么世界就会乱成一团。

世界上不缺乏会说话的人，但如何把话说好，说得中听，不伤人也不伤己，我们就需要具备"调侃"的能力了。

让每一次沉默和表达都恰到好处，学会表达，找到适合自己的表达途径。内向者想要突破心理障碍，又不违背自我意志，流畅展现自我，这是唯一的方法。

当然，恰当地表达内心感受，并不是说我们要一步到位，直抵段子手般的境界。

学会恰当地表达内心不舒服的感受，我们需要一步步来：

· **首先是削弱自责现象，尊重自己**　无论如何，在获得他人的尊重之前，我们要先学会尊重自己。许多内向者会习惯性说出"抱歉"或是"不好意思"，即使自己没有做错任何事。虽然内向者这样做会让自己看起来礼貌得体，却也不自觉地将自己的位置放低了。这不一定是好事，只有平等的对话和交流，才能让自己感受到最大的尊重。对自己诚实，不必撒谎，不为自己没做错的事情道歉，清晰地表达自己的需求，才能让自己获得更自由的生活。

- **其次是整理想法，表达更有质量的观点**　内向者可以发挥自己作为倾听者和观察者的长处，锻炼非即时反应（即时反应：未认真倾听就给出反应和回答）的交流，即安静倾听、认真观察、冷静思考后，给出有质量的见解和建设性意见。这并不是要求我们的表达多么有洞见，而是要真正倾听他人，理解并消化了他人观点后，融合他人的不同观点，分享个人的独特想法。这是与他人良好沟通的开始。
- **最后是锤炼自己说笑话的能力**　如果前两种练习表达的技巧，我们都已经能够熟练掌握并展示了，那么表明我们已经闯关成功。我建议你去看一些练习表达力的文章或书籍，我想你会和我一样，收获良多。

内向不是缺点，从来都不是。

让每一次的沉默和表达都恰到好处，小心翼翼的温柔也能收获想要的认可与钟爱。

第三节　安全地探索完美

一、完美主义大流行

世界上每一个人，或多或少都是抱着"想要变得更好，最好可以是完美无瑕"的心态认真生活、努力拼搏。然而，人并不是工厂流水线上统一又完美的产品。

"完美主义是一种流行病。"这是美国《今日心理学》对当今陷入完美主义困局的现代人的评价。完美主义存在于我们的生活和工作，导致我们内心滋生出多种情绪问题。

"我觉得自己好差劲啊！什么都做不好！"这是夏夏对我说的第一句话。

夏夏是我心理咨询工作中的一名来访者。

夏夏的人生听起来已经很完美了。从小到大她的学习成绩一直位于学校前列，并且顺利考上了数一数二的大学。毕业后，她进入人人称道的高薪行业，经过一番努力拼搏后，成为企业的高层。夏夏不仅事业优异，经济独立，生活上也是全面开花，活成了"别人家的孩子"。可就是这么优秀出色的女性，却常常感觉自己做得不够好。

"我很害怕做不好，"夏夏忧虑地说道，"即便我仍旧是第一名，如果我的业绩相对以前退步了，我也会感觉到压力重重，觉得自己很糟糕，纠结自己为什么没把工作做好。"夏夏无法忍受自己的落后。对于夏夏所表达的心绪，我内心有极大的疑问："那么当一切如你预期的发展，你会不会感到愉悦呢？"

夏夏不假思索地回答："愉悦谈不上，但会感觉到如释重负。"

"像是终于又完成了一个任务？"

"是的，我不会丢掉这份工作了。"夏夏眉头紧锁地回答道。

"我不能理解你说的这种感觉，可以具体再说说吗？你是因此失去过一份工作吗？"

"其实，并没有过。"夏夏迅速地接过话，停顿了一会儿，似乎在回忆什么。

"你只是担忧会丢掉？还是，害怕自己不够好？"

"我……也不知道。"

夏夏家境优越，相貌出众。来自如此高配的家庭，夏夏的人生自然就不能有一处是低配。

"你怎么才考了这个分数，为什么不能更高一点？"

"我们家几代人都是重点大学，你要争口气啊，必须力争上游呀！"

夏夏提起自己严苛的父亲："他很少笑过。"

她还想起自己家里来来往往的亲友，都是有头有脸、有所成就的人士，本应欢声笑语的家庭休闲聚会，聊着聊着，总是不由自主地变成夏夏的个人问题座谈会：

"都这个岁数了，什么时候让父母抱孙子呢？"

"你看你的哥哥，今年又赚了几百万！你可不能落后呀！"

在他人眼里，夏夏身上似乎总有不足。一旦夏夏不是家里最优秀的，就意味着她要面临来自他人的负面评判。为了堵住这些人的嘴巴，夏夏永远提醒自己"不能停"。学业上，她能拿满分就绝不甘于失分；工作上，她始终力争高位，不停地在超越同事、超越自己的路上奔走着；在生活上，她也止不住强势地对待朋友和伴侣。一切的一切，都始终保持着对自己和他人十分严苛的态度，不允许自己有任何松懈和散漫的情况发生。"不榨干自己最后一点能量就是错的。"夏夏至今依旧这么认为。

在过度的精神压力下，夏夏开始焦虑失眠，才30岁出头，用她自己的话说，"头都要秃了"。夏夏慌了。

以不同的行为倾向划分，可以将完美主义者划分为两种类型：一是强迫型完美主义者，二是拖延型完美"者。

夏夏表现出诸多强迫型完美主义者的心理活动和行为表现：

·**高度的自我要求** 完美主义者对自己设定的标准非常高，追求无可挑剔的表现，并感到压力和焦虑，如果自己无法达到这些标准，就会感到失望和自责。

·**完美与自我价值的挂钩** 完美主义者通常将自己的自尊和价值与能否达到完美标准挂钩。如果他们在某方面的表现出现失败或不完美，就会产生自我否定和沮丧的情绪。

·**对他人有高期望值** 完美主义者不仅对自己要求高，通常对他人也有同样高的要求。他们可能对家人、朋友或同事有很高的期待，并对他人的错误或缺点持批评的态度。

假如你希望制作一杯完美的拿铁咖啡，在你的认知里，这杯咖啡需要完美的拉花图案和醇厚的咖啡香气，那么最好的咖啡机、最高级的拉花设备、最完美的咖啡豆、最浓郁新鲜的牛奶必不可少。当你在寻找这些完美搭配的过程中，你发现还需要长期不间断地学习制作咖啡。于是你崩溃了，为了逃避失败，干脆直接放弃学习制作咖啡，这是拖延型完美主义者设置的失败防御机制在作祟。他们不能接受任何不完美的情况，并且在脑海里预想了失败的后果。

拖延型完美主义者主要的心理活动和行为表现为：

·**认为不行动就不会失败** 坂元裕二编剧的《四重奏》里有句对白："你知道比悲伤更令人悲伤的是什么吗？""比悲伤更令人悲伤的是，空欢喜。"《四重奏》华丽的背后，每个角色都是逃离东京的失败者。对于追求完美和理想结果的人来说，比空欢喜更悲伤的是：热情被辜负，努力却失败。

·**用拖延来避免风险** 因为过度害怕失败和批评，因此拖延型完美主义者倾向于拖延行动，来避免承担任何可能导致不完美的风险。

你是哪种完美主义者呢？

心理学上，完美主义是一种追求完美和无可挑剔的倾向或态度，它涉及对自己和他人的高标准和严格要求，并对任何不完美或错误持零容忍的态度。需要指出的是，完美主义并不等同于追求优秀或高标准。完美主义者的目标是追求无可挑剔，而优秀者追求的是卓越和进步。长期以来，完美主义常常会引发各种情绪问题，通常与焦虑、拖延、抑郁、强迫症等关联极大。

因此，有完美主义倾向的人，对自己的情绪问题需要予以重视。

二、完美杀猪盘

有一种"完美人设"很贵，它的名字叫"杀猪盘"。

"杀猪盘"是近几年频发的一种新型诈骗手段。骗子把自己包装成事业有成、多金又帅气的"完美形象"。受害者则是"猪"，交友工具是"猪槽"，聊天剧本是"猪饲料"。骗子带着自己的完美人设，通过骗取受害者的欣赏和信任，套取受害者的巨额存款，这是"杀猪盘"的惯用伎俩。

渴望完美的人，很容易陷入类似的完美"杀猪盘"里。而组建骗局的人除了真实的骗子外，也有可能是那个具有完美主义人格的自己，抑或推动你不断满足他人需求的那个人。

完美，其实只是一场骗局。

在当今竞争激烈的升学和升职环境下，内卷现象普遍存在。身处这样的大环境中，父母对孩子的教育往往是"强制性教育"和"焦虑式教育"。而孩子成年之后，父母的高要求，也随之延续到工作生活中，并伴随社会中无处不在的生存焦虑。当你人生从小到大的经历，均是出自父母或其他长辈的要求，或是被社会环境裹挟，那么你的内心从儿童时期就已不知不觉地埋下焦虑、抑郁的种子了。

无论是被家人的完美要求驱使而陷入强迫型完美心态的夏夏,还是在压力下"主动拖延摆烂""被迫不断内卷"的我们,均是被"完美骗局"控制了。

当完美主义者陷入错误的"完美人设"骗局时,活脱脱像一个在迷局里四处乱撞的蝇虫,只能不断地在四面围堵里撞击反弹,直到能量耗尽。

完美骗局的致命性极强,在可悲且讽刺的转折中,它往往是阻止你达到和感受最佳状态的主要障碍,它几乎对想要变得更优秀的你没有任何帮助。

在心理学上,完美主义其实是破坏性的思维模式。

首先,完美主义心态极易破坏人际关系。

美国杜克大学一项研究表明:完美主义者通常会要求自己无论在什么场合,都要看起来聪明、有成就,且受人欢迎,并且最重要的是要让同龄人觉得他们这一切都是没有付出任何努力就能得到的。可是设想一下,在日常生活中,谁愿意和自恋、无趣、刻板,看起来无坚不摧的高墙建立关系呢?

自恋、无趣、刻板的完美人格,无形中就像一堵冷冰冰的高墙,让人不想靠近。在现实生活中,真实而诚恳、有一些无伤大雅的小缺点的人,人们往往更愿意与之亲近。过度追求自我完美人设,很容易让人疏远,从而导致人际出现障碍。

其次,完美心态会破坏预期目标的达成。

追求完美可能导致沉迷于细节,过度纠结于每一个细微的错误或不完美。这种沉迷和自我限制可能消耗大量时间和精力,影响其他重要的活动和目标。

人一旦对完美的苛求过了度,就会坠入一场完美的骗局里。在这个骗局里,完美主义者思维是固化的。在这种固化的思维模式中,完美主义者不允许一切偏离预期的事情发生，他们认为事物运行的规律必须按照自我意愿发生。如果事情发展得不顺利，他们就会感到焦虑不安，要么拖延摆烂，要么疯狂地苛责，强迫自己必须做到。他们认定一切都是主观的作用，其他客观和不受控因素全部为自己所控制。失败是不可能的，偏离预期和犯错是不会发生的，这种思想极端危险。

三、安全地探索完美

完美，这样一个乌托邦式的假想，存在于人们的心中，纷乱的社会才变得更加有序，人们才能被文明的铁臂推送向前。

其实，世界上并不存在完美，是追求完美的过程造就了现在井然有序的社会，这才是对完美的正确解读。

当一个人对自己有清晰的认知，就会保持好现状并尽量努力超越的心态。这种心态表现在承认和接纳自身局限及不足之处，并且愿意不带任何情绪地挑战那些超越自身局限、尚未解锁的部分。在挑战自己的过程中，要牢记"胜败乃兵家常事"这个道理，那么在此过程中，我们也就能坦然接受所谓的不完美。

做个凡人吧

下面是有完美倾向的优秀人才一些放松自己紧绷神经的方法：

·**列清主次，分配精力** 完美主义者对每件事情都同等地重视，想把每件事情都做好。这看起来很好，但实际上，你没有足够的精力和注意力来兼顾所有的事情，就好像你有太多的面包，但是却没有足够的黄油来抹面包一样。记住，把深度工作需要花费的精力投入微信聊天中不会给你带来任何回报，相反，这会让你精疲力竭。要想找到问题的答案，先问问你自己：对你来说什么是真正重要的事情？你的大部分精力、注意力和时间应该分配到哪里？然后，就从那里开始做起，其余一切都会水到渠成。

·**停止苛责，不做完人** 那些表现得完美的人往往被视为"完人"，这是一个悖论，他们之所以非常努力地工作，是为了被他人接纳和赞美，但他们无可挑剔的外在却令人生畏或讨厌，因为这无形中放大了周围人的缺点。人们通常不会喜欢一个看起来和自己没有任何相似之处，还会让自己感到自惭形秽的人。如果你想和他人建立联系，并获得归属感，那么就放弃你"完美"的个人形象吧！

·**戒除挑剔，做个凡人** 为了追求"无瑕"而创造的完美人设也许可以为我们带来最终的满足感。当对自己一再挑剔和否定时，先问问自己想要成为哪种人吧！"人无完人"的事实你可以接受吗？

有时，完美主义过分驱使了你，有时则束缚了你，还有时二者兼具。完美主义其实是一个人在进行一场永远看不到终点的赛跑。所有追求完美的人，都应该先了解完美世界究竟是否存在。

第四节 击退烦躁的技巧

一、过于被动的缘故

"揽了一个不得不揽的活,开始烦躁。"
"总是在非常投入的时候,被无端的信息干扰,好烦躁。"

烦躁,是烦且躁动,无法淡定了。

烦躁通常可以用感到躁动、快要按捺不住来表达。

人们感到烦躁时,不是因为受到了多大的打击,而往往源于细碎、微小但频繁的干扰。

烦躁,是失去主导权、过于被动的缘故。

在精神分析学中,"烦躁"的人,通常是由于"口欲期固结"的婴儿模式被激发了。烦躁的人,内心有强烈的需求和欲望,期待外界能够让自己满足,非常依赖他人的帮助来解决自己的问题,而自己往往缺乏主动解决的能力。因为需求不能通过自己来满足,故而只能被动地依赖他人给予帮助。如无法实现,他们则会感到"烦躁",出现类似婴幼儿吮吸手指、过度吃东西、咀嚼物品等不由自主的口腔行为,或采取无效的策略来解决问题,如情绪爆发、进行无意义的抗议和哭闹等,以此来寻求安慰或逃避现实。

现实世界中,事与愿违的事情常常发生,于是我们会感到"不如意"和"被动",虽然大多是些小事情,但总是要去应对,会让人倍感麻烦,故烦躁感也就一波未平一波又起地袭来。

比如,希望得到一个好的评价,想要有一个完美的婚姻,等待考试结果,等待过马路,等待喜欢的人的答复……我们总是对好的结果有所期待，但只能被动地等待一切无法由自己决定的结果，这个过程很容易让我们感到烦躁。

遭遇不公平的对待、产生不和谐的关系、与他人发生矛盾时会烦躁；身处令人无法专注的、嘈杂的环境和拥挤的场所里会感到烦躁；事情太多、太杂、太乱，进展得不太顺利，行程安排得太满，总让人疲劳和厌倦，于是烦躁感袭来；老好人当久了，总是一味地忍让，为他人考虑，终于有一天烦躁得不得了。

烦躁的类型

我认为，根据烦躁发生的频率和持续的时长，可以将烦躁分为两种类型：

第一种是短暂的烦躁。这种烦躁是由于偶发、突发或特定的事件而引起的，通常是短暂的。例如，遇到交通拥堵，错过重要的约会或遭遇小的挫折等。这种烦躁会随着时间的推移或事件的解决而消散。

第二种是长期的烦躁。这种烦躁是长时间的压力、焦虑、不满等造成的，危害最大。这种烦躁通常持续时间较长，更多地与长期的工作压力、人际关系问题、健康问题或其他长期的困扰有关。并且这种烦躁的影响更加深远，甚至可能对个体的心理和身体健康产生负面影响。

你的烦躁是短暂性的还是长期性的呢？

长期的烦躁可能需要更深入的分析和处理，因为它涉及更复杂的情绪和心理状态。学习应对压力的方法，改变生活方式，培养健康的应对机制等都是较好的平复烦躁情绪的方法。如果你的烦躁感持续时间较长或对你的正常生活造成了严重影响，则应寻求专业人士的建议和支持。他们可以为你提供更具体和个性化的建议，来应对你的情况。

无论是暂时性还是长期的烦躁，如没有掌握合理的调节方法，都可能会造成不可预估的后果。

当烦躁情绪来临，就说明内心对某件事的忍耐已经达到极限了，是你该调整情绪和平复心境的"信号"。

二、烦躁会阻碍"好事发生"

当一个人心存过多的烦躁，他的眼里便很难容得下"好事发生"。

烦躁是一种会迅速叠变和传染的情绪。一旦人开始烦躁起来，消极的情绪就会持续缠身，令人无法冷静地看待问题，甚至无法从容地享受当下。

被烦躁纠缠时，我们总是感觉被各种糟心事包围，同时还会失去专注力。烦躁会让我们说出不该说的话，甚至让人际关系产生裂隙。

烦躁是阻碍"好事发生"的罪魁祸首。

烦躁的破坏力

烦躁不仅无法带来任何好处，还会引起更糟糕的情况和其他更负面的情绪。

烦躁会让我们失去冷静的思考能力。无论是面对挑战还是解决问题，冷静的头脑都是必不可少的。然而，一旦为烦躁情绪所笼罩，我们就很难理智地思考，进而做出明智的决策。我们可能会陷入情绪的旋涡中，忽略客观的事实和真相。

烦躁还会剥夺我们享受当下的权利。生活中有许多美好的瞬间和宝贵的时刻，但当我们处于烦躁时，却很难感受到这些美好。烦躁将我们的注意力和意识囚禁在负面情绪中，使我们无法真正体验和品味生活的美妙之处。

此外，烦躁还会导致我们失去专注力。无论是工作还是学习，专注力是取得成功的关键。当我们心烦意乱时，注意力会分散，无法集中精力完成手头的工作。这种缺乏专注力的状态不仅会影响我们的效率，还可能导致错误。

更糟糕的是，在烦躁情绪的控制下，我们往往会失去理智和判断力而口不择言，这将对我们的人际关系造成严重的损害。

三、为烦躁求一份宁静

许多人总是在追求梦想的过程中，忘了随身携带"心灵的平静"。

内心积累的欲望太多，而又感到欲求不满的人最容易烦躁。

烦躁时，我们可以采取以下方法慢慢冷静下来。

1. 转移注意力

转移烦躁情绪，应先明确是短暂的烦躁，还是长期的烦躁。短暂的烦躁通常是由可以解决的事情造成的，只需要处理好导致情绪发生的缘由，并积极地应对，便可以解决。如果是因暂时无法解决的事情导致的长期烦躁，那我们可以勇敢地接受这种情况，暂且将其放置一边，采取转移注意力的方式，如喝茶、聊天、运动、读书等。通过改变环境和变换行为的方法，有意识地转换心情。当我们去做其他事情时，我们原本的烦躁情绪会在一定程度上得到缓解。当转移注意力的方法不能完全消除烦躁情绪时，我们还可以通过观看催泪电影、阅读感人书籍的方式，制造情绪场景来排遣烦躁。

2. 整理环境

想要不烦躁，平日里就要创造整洁舒适的环境，练就感觉一定会有好事发生的心态。最简单的方法就是要定期整理自己所处的环境。有很多人总是把自己打扮得很美，但是房间却混乱不堪。因为没有定期整理房间，找东西就会花费很多时间，自然而然地，烦躁程度又会加剧。我们定期对环境进行整理，那么所需之物，自然能够从容不迫地找到，也能更平和专注地去做好其他事情，不知不觉间就达到了不易烦躁的状态。我们先培养整理习惯吧。从痛快地扔掉不需要的物品开始做起，我们至少可以扔掉身边一半的东西。如果眼见之处都很整洁，那么我们的情绪也可以整理得很好,毫无疑问,烦躁的频率就会大幅降低。

> **小提醒**
>
> 　　在烦躁情绪尚未完全造成影响之前,我们应该及时采取措施。切记不要把负面情绪转嫁给他人或物品,否则会加深你的自责。
>
> 　　缓解烦躁情绪,最关键的是要"早发现,早处理",以及努力保持积极的心态,享受细小的美好。

第五节　如何科学"外耗"

一、遍地思想者

意大利短片《星期六》中有一个这样的场景。周六早晨，一名独居男子一边品尝着香蕉，一边沉思着当日的待办事项。他盘算着当天要完成的所有家务，还给朋友打电话，再安排些活动来消遣。在着手执行这些任务之前，他仔细地预想了一遍流程，并在脑海中反复斟酌，试图找到最佳的方案。当他将所有事情计划好后，又不禁思考着是否还有更好的方案可供选择。当原计划一遍一遍被自己推翻，一天的时间已经过去了，他不仅什么都没做成，琐事还越积越多，精力也消耗殆尽。

片中的男主角的一天不就是很多人的一天吗？

明明做一件事只需要两个小时，而想"要去做"这件事却花了八九个小时，被自己内心的纠结，生生困在了方寸之地。很多时候，拖垮我们的不是生活和工作，而是种种看不见的情绪"内耗"，它们就像一把隐形的勺子，把我们的身体掏空。总是"想太多"，做得少。

永远在"内耗"，直至心力耗尽，再也无力行动。它们不仅降低了我们的幸福感，还大大降低了我们做事的效率。

1. 认识"内耗"型人格

别人的一个表情、一个眼神、一句不经意的话都会在你的内心掀起波澜，让你忍不住琢磨："我是不是对她太冷漠了？""他是不是讨厌我？我是不是哪里做错了？"于是，总为未来担忧，会让人迈不开前进的脚步；和人相处时感觉很累，交流时容易紧张，有一点点没做好就忧心忡忡；内心总是沉甸甸的，感觉生活和工作都非常吃力。

几乎人人都会经历"内耗",并且"内耗"会在不知不觉中消耗我们的精气神,让我们不在状态,不能很好地投入行动,进而影响我们的方方面面。"内耗"就是这样一种情绪耗能现象。

所谓"身未动,心已远",可以很好地诠释"内耗"的含义:在事情没开始做之前,内心就已经创造了很多想法和可能的结局。还没动手做,就想得太远,这有逃避现实,不愿面对的意味。然而在当今社会,为了追求确定性,人人几乎都活成了想得有点远、有点多的"思想者"。

相信我,你绝对不是一个人在"内耗"。

在意别人的评价、擅长反思和多维度解读,容易越想越多,这样的人格就是"内耗"型人格。

"'内耗'型人格"一词,最早出于"九型人格"理论,意思是由于其性格特点,一些人倾向于将负面情绪藏在心中,当情绪垃圾长时间堆积,就会带来严重的精神消耗。这就像心里住着两个观点完全不同的小人,他们在我们的心里不断地发生冲突。其实和自己打架的从来不是外界或他人,正是另外一个自己。

当一个人处于持续的内在冲突中,心理能量就会不停地被自我消耗,这就是"内耗"。"内耗"的前提是,当下的我们执着于向内求和过度思虑,而完全遗忘了外在客观事实的存在。

心理学家做过一组实验:他从各行业中挑选了一百名具有"内耗"型人格的志愿者,在他们的右脸颊绘制逼真的伤疤,然后观察他们的表现。实验结果表明,所有参与者都出现了不同程度的"内耗",并感到周围的人对他们投以异样的目光。然而,当实验员采访了实验地点的行人和工作人员,所有人都称他们根本没有注意到那些伤疤携带者。

实验的过程中,这些志愿者都拥有不同程度的内心挣扎,但他们却表现出截然不同的处理方式。一部分人很快调整了自己的情绪,逐渐适应了自己脸上伤疤的存在,无论做什么事情,都不会在意他人的眼光。另一部分人则非常担心给他人留下不好的印象,他们总是低着头,紧绷着脖子,不时地东张西望，这种过度的紧张状态反而引起了他人的注意，而他人的关注进一步加剧了他们内心的恐慌情绪，让他们无法专注于眼前的事情。

2. 人为什么会"内耗"

恐惧事实，沉迷想象。首先，想法过多是原罪，而太多的想法都是偏离事实真相、过度恐惧负面评价和结果引发的。比如受负面新闻影响，感到身处的环境全是恶意的，越想越害怕；表白被拒就觉得所有人都不喜欢自己，自己注定孤独一生；一次考试没考好就否定自己，觉得不可能好了，以后前途灰暗。

想法多本身没有问题，问题在于只有想法，整天什么都不干，只会反反复复去胡思乱想，在脑海里编造出各种虚无的灾难化事件。这会让我们陷入一种恶性循环，负面小问题造成了负面的情绪，负面的情绪进一步放大了问题，最后一点小事变成了一场灾难。

低自尊高敏感的人，常常一方面忍不住地寻求外界认同，把自己的自我价值建立在他人的认可上；另一方面他们内心深处怀疑自己不值得被爱、不值得被尊重、不值得被认可，因此表面上风平浪静，实际上在"内耗"。

当你觉察到"内耗"带来的痛苦时，正是改变的契机。

二、推开"内耗"的门，科学"外耗"

美国精神病学家卡伦·霍妮在《我们内心的冲突》当中提到，我们越是正视自己的冲突，并寻求解决的方法，我们就越能获得内心的自由。

学会接纳自己，推开封闭的心门，掌握科学"外耗"的方法，是排解负面情绪，降低内心冲突的开始。

科学"外耗"不是毫无顾忌地向外宣泄，而是在合情合理的场合下，选择适当的负面情绪排解方法和调节方式，处理积极情绪也需要区分场合与时机。一切情绪都应该在"合适的情境下，采取合理的方式"处理，方为科学的"外耗"。

1. 科学"外耗"第一弹：不应是反"内耗"

我们总是在寻找内心与身外的平衡，喜欢和自己过不去。"内耗"有时候其实是我们在为自己的情绪冲突寻求一个出口，我们内心仍旧有力量。另外，大多数的"内耗"者也是理想追求者和积极进取者，对希望、理想仍有追求和渴望，只是因还未抵达目标而感到万事不确定，觉得一切充满变数，因此忧虑、纠结。

接受"内耗"的发生，并且偶尔享受适当的"内耗"，这是我们内心依旧有力量，生命依旧有活力的表现，也是我们真正走出"内耗"的开始。

2. 科学"外耗"第二弹：利用心理暗示

心理暗示对人的心理有影响，这点是许多心理学家认可的。

心理学教授唐·索西尔认为："因为不确定将来会发生什么事情，所以让人感到不愉快，这类方式可以让人们对未来感觉好一点儿。""内耗"者总是希望通过寻找合理的规则和完美的原因去解释一切的发生。"有时候，创造一个虚假的确定性总比完全没有确定性好。"心理学研究者艾尔伯特说道。

3. 科学"外耗"第三弹：只挑好啃的软柿子吃

为避免陷在"内耗"情绪里，行动永远是最有效的消减"内耗"的方式，要选择简单的事或者喜欢的事去做，而非好高骛远，选择那些盲目脱离实际的超高目标。

"我们能成功，不是因为我们善于解决难题，而是因为我们善于远离难题，我们只是找简单的事做。"查理·芒格如是说。当你觉察到你精神世界的两个小人，又在吵得不可开交的时候，将"不喜欢及绝对不会去尝试"的事情写下来，在"愿意去做"的事情里选择做一些当下最容易做到的事情，如遛遛狗、散散步，看看书，或者去洗个澡，吃个饭等，把精力用在让自己能够轻松获得愉悦心情和积极心态的地方。

作家盖斯在畅销书《微习惯》中写道："真正让我们焦虑的，不是太过迟缓的行动,而是那些宏大到我们只敢畅想的目标。"想去看电影就立即买票去看,想做菜就着手准备开始,想了解老同学现状就马上联系对方。从这些小事开始,内在动力就变成了一个个外在现实,我们就会有越来越好的行动力。

先去做喜欢的、简单的、容易收获满足的事。

先去吃,总比一口都吃不到要好。

我们都是自己精神"内耗"的制造者,也是唯一的终结者。

放过自己,学会科学"外耗"。

第六节　钝感力：我所坚持的一种松弛心理

钝感力，即对负面情绪的转移能力或缓释能力。

钝感力是赢得美好生活的手段和智慧，是一种"大智若愚"的情绪控制方法。它可以减弱负面情绪对我们的影响，让我们不容易焦虑、敏感、"内耗"、乱想，从而达到不轻易受影响、改变既定行动的目的。

拥有钝感力，就能从容面对生活中的挫折和伤痛，坚定地朝着自己的方向前进。

钝感力，是高敏感、共情力强的我给时常容易紧绷的神经、爆棚的同理心进行按摩，收获松弛感的秘密武器，也是我在面对过多负面情绪时坚持采用的一种舒缓方法。

一、学会与焦虑相处，合理运用钝感力

鼓浪屿是我年轻时长住过的一个小海岛。鼓浪屿除了海岛风情和丰富的文化底蕴之外，寂静的雨夜、潮湿的雾气、热烈的朝阳和急迫赶在退潮前上岸的渔民，都是岛屿上常见的景色。但是也有令人恐惧的台风天。台风天通常发生在雨水丰润的夏季，超强台风常常会掀起巨浪，接着登陆城市，掀翻树木和公共设施，影响居民的日常工作生活。对我来说，一旦台风来袭，往来厦门与鼓浪屿之间的船舶停航就成了最无奈的事情。这时候，我会因为不能外出而变得焦躁苦闷。彼时，我所经营的民宿接待的客人，也会由于停航而需要继续停留在岛屿上，他们表现出深深的恐惧和慌张，整日坐立不安，担心不能按计划回家上班或可能会产生其他严重后果。

当不可抗事件发生时，面对这些突然降临、破坏力惊人的负面情绪，具备情绪韧性、擅长调整情绪的人，会把对自己而言必要和不必要的情绪

分开，然后进行选择，从而恢复情绪的平衡，继续实现自己的目标。情绪韧性不足、不会调整情绪的人，则无论怎样的情绪流过，他都会完完整整地全部吸收，然后内心一片混乱，不知所措。

我便是那个可以通过发挥自己钝感力而区分情绪，修复情绪的人，也有很多人不具备这种能力。比如，其中的一名民宿客人因为停航而慌乱烦躁，几乎把在鼓浪屿度假积攒的全部好心情都抛在了脑后，甚至将那些糟糕的情绪传递到电话那头催促他回去工作的同事那里。

拥有钝感力是什么体验？

·**情绪可控** 拥有钝感力的人在面对挫折和意外时，不会为消极情绪所主导，而是可以立即切换成"去控制情绪"的模式。拥有钝感力的人能够积极地剖析问题，寻找解决问题的途径，懂得从失败中学习，从困境中寻找机遇，灵活应对各种情况的发生。这好比一个经营者在遇到市场波动时，不是抱怨经济下行，或是苛责他人和环境，而是立即找到波动的原因，顺应波动调整策略，寻找市场低谷时的新商机，将当前的困境转化为发展的契机。作为一个老民宿人，我也经历过特殊期凋敝的情况，如果当时我的第一反应是怨天尤人，而不是直面问题，迅速顺应环境，调整经营策略，那么我可能终日将郁郁寡欢，也不会有随后的"宾客仍旧满棚"的盛况。

·**情绪免疫** 拥有钝感力的人对外界及他人的情绪和评价有一定的免疫力，他们不会轻易被负面情绪影响，也不会过分依赖他人的肯定和赞美。他们能够快速地从不愉快的经历中恢复过来，不让过去影响自己的现在和未来。例如，一名销售人员在遭受客户的抱怨和批评后，能够保持冷静，从中吸取经验教训，并迅速调整自己的销售策略。我在鼓浪屿经营民宿期间，遭遇过各种非理性的负面评价。曾经有一个因为失恋而来到这里试图释放绝望情绪的客人，也许是岛屿的住宿条件终究与现代城市存在差异，我收到了他的负面评价，并成了他负面情绪的宣泄对象。在了解他的糟糕心情不完全是因为住宿环境没有达到预期之后，我对他表达了歉意，并安慰他说："如果你下次再来，可以不再住在我这里，但是我相信那时候的你，身边一定会有人陪伴。"

· **理智从容**　在面对决策时，拥有钝感力的人能够保持冷静，不会为情绪所左右。他们善于观察、思考和分析，对待任何事情都有耐心和决断力。他们会在做出决定之前仔细权衡利弊，掌握全局，并在适当的时机做出决策。例如，一个投资者在面临投资决策时，会做充分的调研和风险评估，不会轻易受到市场情绪的影响而做出冲动的投资决策。拥有钝感力的人有自己的价值观和原则，不会随波逐流或被他人的观点左右。他们坚定自己的信仰和行为准则，并不会为了取悦他人而去改变自己。他们能够坦然面对他人的否定、批评和反对，不受其影响，坚定自己的决心。例如，一个公众人物在面对舆论压力和批评时，能够排除不符合内心标准的评价，只吸纳自己觉得正确的意见或建议，并同时坚持自己的行事原则，不会轻易改变自己的立场和方式。

· **不怕失败**　拥有钝感力的人能够坦然接受错误和失败，并从中吸取经验教训，不会因此丧失积极性和勇气。他们相信失败是成功的一部分，愿意接受挑战并持续努力。即使遭遇失败，他们也会保持乐观和自信，重新评估形势并做出新的选择。例如，一个学生在一次考试没有达到预期后，虽然感到失落，但他可以很快地忘掉失落的情绪，也不会因为这一次失败就气馁，他会复盘失败的原因，总结经验，找到不足之处，并勇敢地挑战下一次考试。

当平静的内心被可怕的坏心情掀起巨浪时，拥有钝感力的我懂得当下最重要的是静静地等待负面情绪的到来，不做任何抵抗，然后等待情绪回归平静。事情总会有解决的一天，就好比台风总会过去。如果暂时性的台风对目前的日常生活和原定计划造成了影响，那么你可以继续停留在安全区，做好自我防护的同时，努力让注意力回归到不受影响的层面，专注做好目前可以继续做的事，放下暂时不能做的事。

当焦虑一而再再而三来敲门，不回应、不理睬、不关注，焦虑自然就离开了。

二、如何培养钝感力

适度的情绪感知力可以促使我们对情绪施予关注，但是高度的情绪敏感力则容易让人陷在情绪里不能动弹，失去本应具有的行动力。培养钝感力可以让我们掌握适度但不过度的情绪感知力。在情绪来临时，钝感力可以让我们灵活地掌控情绪，做出当时最佳的选择。

培养钝感力的关键

在与世界的多变和不确定性相处的过程中，人人都应持有一套钝感力矫正机制。

·**勇于表达自己** 有时候我们会因为害怕得罪他人，担心被拒绝或被讨厌，不敢表达自己的真实想法。其实你只需要脸皮厚一点儿，诚恳地说出你想说的。无论是在工作还是生活中，只要我们不害怕被讨厌，拥有"脸皮厚"的心态，勇敢地提问和表达，我们就能获得更多的机会，了解更多的事实。记住，你有权利提出问题和表达意见，不必为此感到不安。

·**胜败乃兵家常事** 不要对当下生活的波折太在意，你的双眼应该只望着前方。生活中难免会遇到各种挫折和困难，但我们不能为它们所束缚。相反，我们应该学会放下不快和错误，专注于眼前的机遇和未来的发展。只有把目光放在前方，我们才能找到新的可能性，创造新的机遇。

·**管好自己的生活** 不要刻意去关注别人的动态，总是揣测别人的想法。过度关注他人的言行举止，过于在意他人的看法，会使我们过分敏感并常常自我贬低。真正的自信和快乐来自专注自己的成长和目标。不要总是试图猜测他人的意图和想法，而是要相信自己的直觉和能力，并朝着自己的目标努力。

·**难得糊涂** 不去想那些没发生的事，有句话叫作"难得糊涂"，有时候，糊涂的生活会让你很轻松。过度的思虑，纠结过去的错误或者未发生的事情，只会增加我们的焦虑和压力。与其沉浸在"如果"和"但是"的猜想中，不如学会接受，忘记过去，享受当下的轻松和愉快。人生短暂，让自己的生活变得简单，允许自己糊涂一下，可能会带来更轻松的心情和更多的快乐。

·**少操点儿心** 停止不必要的社交，不要太在意他人的看法，不要和自己较劲，因为过于敏感真的太"内耗"了。社交媒体和周围环境的压力常常让我们陷入自我比较和自我怀疑的困境中。我们不应该把自己的价值和快乐建立在他人的认可和赞同上。停止与自己较劲，拥抱真实和独特的自己，专注自己的成长和目标。过度敏感只会消耗我们的精力，不在意他人的看法，你会发现内心将变得更加平静，充满自信和快乐。

·**慢下来，别急** 不要那么敏感，不要着急去做判断，请允许自己慢下来吧！如果你对很多事情敏感，那么你很有可能会被高敏感的自己误导，迟钝的感知力量真的会让你更加舒心。尽量在面对一些事的时候模糊一点，因为你需要意识到，一旦你看得太清晰，你就会变得苛刻，斤斤计较，而这些感受都让你不舒服。

任何时候，我们都可以表现出孤独、内向、不完美的一面。我们也应允许自己有情绪，请不要急着说自己有问题，急着对任何外在压力做出第一时间的反应，也不要陷入"内耗"。

钝感力是一种不让自己受伤的力量，压垮我们的往往是自己的情绪。延迟情绪的感知力，可以减缓不必要的情绪束缚。希望大家都能拥有钝感力，可以感受到情绪低落时的松弛心情。

第三章

在互动中成长

与人和谐相处是一种天赋,不是每个人都拥有。

人与人之间的交流除了信息互通外,还有分享。分享不只是物质的分享,也包括精神的传递。

没有精神上的交流和分享,只待在自己世界里的人,就和只愿意待在家里的人一样。我从小就渴望走得更远,结识更多的人,去看看与我截然不同的生活是怎样的。当然,旅途中,总是形单影只,并不是他们不善于与人互动,而是他们更愿意独立地行走四方,从而与更广阔的世界联结。从不一个人旅行的人,也并非无法独立自主,只是他们更想体验人与人之间的互爱、互动、互助,更喜欢与他人一起协作解决问题,交换彼此的心事,体验与别人一起成长的感受。

第一节 愉快地表达愤怒

一、愤怒之下

"感觉自己脾气变得很差,整个人攻击性非常强""心情跌落到谷底,芝麻绿豆的小事都能怒气上头""感觉一股火气在燃烧,再不熄灭就要爆发了"……最近的你,是否常会如此?路上走着走着突然被撞到,就立即气得不行;拥挤的地铁里一直在被推搡,实在忍无可忍就咆哮起来;朋友、同事或者爱人一句无意的话也能惹怒自己,看待周围的任何人和事都似乎觉得他人是有意地对自己"指桑骂槐"。

如果你感到比以往更易愤怒,最好看到愤怒之下所压制的不满。

1. 愤怒有毁灭性的能量

愤怒是一种极为强烈的情绪,是具有毁灭能量的力量。愤怒对人际关系具有毁灭性的破坏力。

愤怒人类与生俱来的。在个体层面上,愤怒表现为多种情绪反应,如生气、愤恨、激动、不满,甚至恼羞成怒等。这些情绪状态可能源于个体在日常生活中的各种挫折、阻碍和不满。在集体层面,愤怒则转化为群体的公愤。当个体受到了不公正对待,或者受到挫折和阻挠时,他可能会表达出自己的愤怒情绪,这种情绪会在群体中迅速传播,进而引发群体性愤怒。群体性愤怒通常表现为群体激动的情绪、强烈的抗议和冲突,甚至可能导致暴力和破坏行为。

愤怒只是表象,愤怒之下的内心世界实际还隐藏着孤苦、悲伤、自我厌恶、不安、不满等无法表达出来的情绪,包括一些自己都意识不到的事。

现在我们生活在一个充满压力的时代。这些压力来自各个方面,如复杂的人际关系、事业与家庭的平衡问题、个人需求与现实之间的矛盾等。每一天,我们都有大量的关系需要处理,很多问题需要解决,也有冲突需要化解。而愤怒,往往是我们在面对这些压力时一种常见的情绪反应。

愤怒可以由许多不同的原因引起。有时候,我们会因为自身遭受他人不公正的对待感到失望、挫折、受伤,因不满意的结果、冲突或欺骗等而感到愤怒。如果他人的行为并非指向自己,而是对社会或其他人造成不好的影响,我们也为此感到愤愤不平。比如,我们对社会上某些违背常理的现象感到不满,就会通过愤怒表达出来;有时候,我们也会因为自己的表现不如预期而对自己感到失望,进而愤怒;环境因素也可能引发愤怒,如遇到交通堵塞、噪声干扰或不良服务等情况。

虽然这些事看起来像是引起我们愤怒的原因,但实际上让我们愤怒的深层因素可能并不是某件事或某个人的行为,而是其他因素。比如,当我们的身心压力积累到一定程度,我们就会变得容易动怒。这个时候的愤怒,其实是内心负面情绪的宣泄和倾倒。

愤怒是一种复杂的情绪反应,可能在不同情境下引发不同的行为和后果。了解愤怒的来源和表现形式,有助于我们更好地管理和应对这种情绪,以更健康、更有效的方式应对挑战和压力。无论何种原因,愤怒都是一种需要重点关注的情绪反应。愤怒总是不可避免地在我们每一个人的心头涌现。我们意识到愤怒情绪时,就应认真处理愤怒的问题了。

2. 愤怒的特点

愤怒是一种让人感觉内心能量爆炸的情绪,它有如下特点:

·**情绪表现激烈** 愤怒是一种普遍的情绪反应,无论是对别人的愤怒,还是对自己的愤怒,都很容易被识别。当人们感到被阻碍或无法实现自己的目标时,愤怒可能会被激发。此时,人们可能会感受到情绪上的热烈,产生心跳加快、面红耳赤、肌肉紧张、呼吸加快等生理反应。这些生理反应都是身体在为应对挑战和压力做准备。

·**释放力惊人** 愤怒的我们总是在寻求情绪的释放,而愤怒的释放存在障碍。我在虎跳峡旅行时，看到那里的水流湍急，水花四溢，有巨大的漩涡和似乎猛兽咆哮的声音，为什么呢？因为有块石头挡住了水流的去向。其实愤怒就像湍急的水流。愤怒，往往是因为对方的行为越来越偏离自己的期待，所以愤怒的人往往会说"你怎么能这样"。愤怒的人试图提高能量的等级，由内向外释放惊人的力量。

· **行为化极强** 愤怒是比较容易通过行为表达出来的感受，一旦失控则将转化成需要被及时制止的暴力行为。愤怒的行为，通常指向外界的人或事。怒不可遏，其实说的就是愤怒很难控制。比如，在你很愤怒却又不能把这种愤怒表达出来的场合，你可能会暂时遏制自己的行为；当你离开那个情境后，你会马上吼出来发泄，甚至大力抬起脚或甩手臂，将愤怒转化为具有破坏力的行为。过度的愤怒破坏力惊人，可能会导致人们在冲动之下说出暴力性语言，甚至做出攻击性行为。

愤怒对人类并非完全是负面的。

愤怒爆发的时刻，有时也是人们冲破"瓶颈"，想要改变的积极信号。

二、愤怒是积极的信号

小贤和洋洋外出旅行的时候，在没有任何沟通的前提下，洋洋会把旅行全程的所有事务都推给小贤。虽然小贤不乐意，但觉得没必要为这些鸡毛蒜皮的小事争论，也就一直默默地接受了。直到有一次，洋洋又想去某个地方玩，这次她是和其他人一起去，小贤因为工作关系无法一同前往。但洋洋还是把这件与小贤无关的事推给小贤："我要去这里玩，快帮我做规划，订房间和机票！"小贤本来就因为工作压力已经很累了，这次他终于忍无可忍了："你要出去玩，关我什么事啊？！"从那以后，洋洋再也没找过小贤，他们的关系渐行渐远。

一直以来，小贤对洋洋总是有求必应，即便内心抵触，小贤一直克制，从不向洋洋表达自己内心真实的感受。小贤突然暴怒，对洋洋来说，不亚于一个晴天霹雳。小贤感到自己和洋洋的关系无法继续，那也是自然而然的反应了。

克制不住的愤怒，对关系有极其严重的破坏力。

愤怒的危害就在于容易把过多的不满，在某一刻尽数释放，就如海啸般，将导致灾难的降临。比如"我忍你很久了""你心里没点数吗"，就是我们愤怒时常说的话。假若小贤以往对待洋洋不是有求必应，而是及时沟通，表达拒绝，那么洋洋也不会一次又一次地提出过分要求。小贤也就不会产生这种失控的愤怒，将两人的关系引向终点。

当然，我们都是可以表达愤怒的，但表达愤怒应该"有一说一""就事论事"，而不应堆砌太多坏情绪，直至一场爆炸性的宣泄。克制且适度的愤怒，对关系的摧毁力没有那么强大，甚至可以对改善关系起到关键性作用。

愤怒的积极作用

在我看来，情绪是我们在面对挑战和压力时的一种自然反应。情绪反映了我们的内心世界和外部环境的互动。愤怒比其他情绪更有力量，且能够起到很好的防御和反击作用。

·**愤怒具有防御功能** 当我们的自尊、边界、人格、权益、财产等受到侵犯时，愤怒的情绪会自然涌现，提醒我们要保护自己，并恢复被侵害的权益。如果我们从不表达愤怒或容忍他人的欺负和占便宜行为，那么他人会认为我们软弱无力，从而继续侵害我们。愤怒在这种情况下具有自我保护作用，但前提是我们必须意识到，这种情绪是一种警示，需要及时采取行动，来维护和恢复我们受损的领域。

·**愤怒是变好的信号** 从某种角度来看，愤怒的作用是积极的。愤怒作为一种情绪，有时候可能是事情要变好的信号。它可以帮助我们认识到自己的问题，并采取行动来改善自己的生活。对于一些长期处于抑郁状态的人来说，如果他们能够适当表达内心的愤怒，这甚至会是一个明显的好转迹象。

三、愉快地表达愤怒

我们愤怒的目的，就是倾吐不愉快。

在我们的日常生活中，每个人都希望自己能够尽可能地避免问题和波折，然而我们本身就是问题的创造者和解决者。在生活的压力下，我们很难对伴侣、家人或亲朋好友表现出快乐的情绪。在公司里，作为领导的我们可能会因为一件没有处理好的工作而对下属发脾气；身为下属也常因努力完成的任务被上司全盘否定，而感到愤恨不平。

过度的、不受控制的愤怒可能会对自己和他人造成伤害。它可能会导致冲动的决策和行为，如言语攻击、破坏物品甚至发生肢体冲突。长期持续的愤怒也与心理健康问题，如抑郁、焦虑等有关。愤怒是一种极具破坏性的驱动力，对外发泄会伤人，压抑则会伤己。因此，了解愤怒的本质并学会以恰当的方式表达愤怒是非常重要的。

如何愉快地表达愤怒

愤怒是我们活着的证明。本质上，懂得愤怒其实是积极现象，但如何将愤怒采用恰当的方式表达出来，则是一门学问。学习愉快地将内心的愤怒表达出来，适当地管理我们的愤怒情绪，对于建立健康的人际关系和提升个人幸福感至关重要。

·找愿意"听你说"的人 寻求愿意倾听的人，建立新的联结，获取新的视角是一个极佳的途径。比如，幸运地结识了一位亲密的朋友，或是找到了一位专业且适合自己的心理咨询师。在这些新的关系中，你的愤怒和攻击可以被接纳、被理解。你知道自己不会因为表现出愤怒而断绝联系，对方也不会因为你表达愤怒而受伤，你们的关系也没有想象中那么脆弱。甚至，对方还能洞察你愤怒背后的心理，理解你那种无助、脆弱和恐惧，并给予你深切的理解和共鸣。

·骂人不说脏话 在表达愤怒时，避免使用令人感到被羞辱的"脏话"（批判性的语言），而是选择一种安全有效，让对方能够接受的方式来表达自己的感受。一些经典的句式为"我感到非常不舒服,你这么做让我很生气,因为……"使用平和的语气和非评判性的语言可以避免引发争吵,可以让对方关注你的感受,同时维护你的边界。这种方式可以创造出全新的探讨空间,让双方都能够理性地解决问题。

・**冷静提出需求** 提出真实需求是愉快表达愤怒的重要步骤,在此之前,我们必须先说服自己"冷静冷静"。我们要提醒自己还需要考虑一些其他重要的因素。我们需要意识到"愤怒会影响判断",如果不能好好说话,那么一定会对自己和他人造成严重的伤害。因此,在感到愤怒之时,我们应该先停下来调控一下情绪,并尝试以冷静的方式来表达我们的感受。另外,我们需要意识到"解决问题比表达愤怒重要"。当我们感到愤怒时,可能会把注意力集中在引起我们情绪的问题上,而忽略了真正重要的问题,即如何解决问题。因此,在处理愤怒情绪时,我们应该尝试"让注意力回到问题本身,而不是此时的情绪中来"。

最后,愤怒有时候也可能是心理健康出现问题的一种表现。一旦你感到近期的"易怒""易燃易爆炸"已经影响了自己的正常生活,就应该考虑寻求专业心理咨询师的帮助,以便更好地处理自己的情绪和压力。

美国心理学家托马斯・摩尔曾提出一个观点:"我们最好只与会表达愤怒的人交朋友。"愤怒平常得不能再平常。如果我们能够学会以恰当的方式表达愤怒,那么愤怒的时刻反而会成为我们成长和改善人际关系的好时机。

愿我们每个人都能愉快地表达愤怒!

第二节　不纠结于对错

一、患得患失的纠结感

朋友向我借钱，借的话我怕朋友不还，不借又怕朋友做不成，我是借还是不借？

很久没有和朋友聚会，你为此期待不已，却因为担忧选错聚会场地而纠结。

同事之间价值观差异大，你常常纠结到底要如何表达才不会说错话。

公司里，领导之间矛盾重重，作为没有话语权的打工党该听谁的呢？

同时被两个人追求，一个个性谦卑、内外兼修但经济条件一般，另一个性格暴躁、外表普通但经济条件优异，你会选哪一位？

我们常常因为各种关系而纠结，为选择的对错陷入矛盾。

我们还常常因为日常生活中的小事而纠结。开车遇到红绿灯，还剩10秒钟就要变红灯的时候，冲还是不冲？纠结了8秒后，我还是启动了汽车，然而因为红灯的亮起，我不得不在路中间停下来。另外，我常常在网购的时候陷入纠结，小到衣服鞋袜，大到空调、洗衣机、冰箱，再大一点，买车、买房的时候，钱就那么点儿，想要的却很多，能不纠结吗？

人生很难有标准答案。每一道选择题，都会让我们纠结不已。

1. 认识纠结

纠结，意指个体在两个或多个选择之间犹豫不决，无法做出决定，仿佛内心有多种想法缠绕打结的一种"拧巴的感受"。

纠结是一种常见的小情绪。许多人在面对生活中的各种选择时，会陷入纠结，不知道该如何抉择。当面临多个选择却因为信息过载而无法理厘清头绪时，我们就会感到纠结。

纠结的根源在于，我们无法确定选择后的事态发展是否正向，没有勇气做出决定，并且害怕为自己的选择承担责任。随着纠结时间的延长，做决定的难度也会增加。

纠结是一种思维不够通透，对现状和自身情况难以理解的状态。每个人所处的环境、受到的教育以及个人性格等诸多因素都可能导致纠结的出现。大多数纠结的人是因为无法理解问题的根本而陷入其中。从本质上来说，纠结也是因为与自己过不去，只有自己解开心中的结，他人才能帮助自己。

纠结是正常的情绪反应，偶尔出现轻微的纠结也无可厚非。然而，如果一个人长时间纠结于某件事情，就会让他人感到非常不舒服。长时间的纠结不仅会消耗我们的精力和时间，还可能会导致焦虑和抑郁等负面情绪。

2. 多余的纠结

面对复杂的问题或选择时，纠结可能会让人感到困惑和迷茫，无法给出明确的解决方案，也无法推动问题的有效解决。

纠结会让我们陷入无尽的思考和犹豫中，消耗大量心力。纠结会让我们不能及时进行决策，而感到焦虑和不安，对我们的生活造成影响。虽然纠结在某些情况下，可能会让我们更加关注问题本身，但它并不能帮助我们解决问题。相反，它可能会让我们陷入无尽的踌躇不决中，失去行动力。

· **格局小，易纠结** 纠结源自"只见树木，不见森林"的局限性思维。

常因小事而纠结的人，很难抬头看向更广阔的世界。假如明天就是世界末日，我们还会纠结于说哪句话不伤和气，该怎样做才能维持好场面吗？在世界末日之前，纠结失去了意义。容易纠结于小事的人，他们的思维只局限于眼前的一株草木，而无法看到整片草原。局限性思维使得他们无法从更广阔的视角来看待问题，常常因为一些微不足道的小事而纠结不已。

・太执拗，易纠结　纠结来自过分执着于"得失""成败"或者"是非""对错"。

首先，纠结的人总是执着于"理想结果"。当我们内心渴望选择的方向能够有所"希望和收获"，而事实上，事态存在"不可控""不可抗""不确定"情况时，我们就会陷入纠结。事实上，这种对"正确"和"确定性"的执着正是我们纠结的真正原因。当我们过于在意结果，而忽略了过程中的体验和收获时，我们就很容易陷入纠结的境地。

其次，纠结的人不能接受"非理想"的结果。纠结的人不能接受与预期偏离的结果，不能接受一切失败和错误发生。这些人总是对预期的结果有着过高的期望，他们不能接受任何的偏离和失败。他们会对每一个细节都进行严格的要求和掌控，对任何的错误和失败都无法忍受。他们会把所有的事情都看成一个"要么成功，要么失败"的问题。而且他们对成功的定义往往是极其苛刻和完美的。这种态度往往会让他们陷入一种偏执的状态，不断地纠结于每一个细节，并不断地寻求更多的信息和保证。然而，这种态度往往是不健康的。因为这种态度可能会导致一个人过度投入，产生焦虑、抑郁和其他的心理问题。

在纠结里拉扯的人，倾向于谨慎决定，因为他们"只允许成功，不允许失败"的愿望往往会压制冒险和探索的冲动。

陷在"患得患失"的纠结情绪里的我们，既担忧失去又怀疑获得，总而言之，是我们对于"可能会失去（失败、失落等）"这种情况的发生，过于忐忑揪心了。

二、放弃纠结对错

前段时间，"为什么大家都不发朋友圈了"这个问题成为众多网民探讨的热点。

网友 A 说："因为朋友圈里不再都是朋友，还有同事、家人、客户等各种关系网。"

网友 B 说："现在大环境普遍戾气重。以前发生一点儿小事都想立即分享到朋友圈去，现在每次编辑朋友圈都要纠结很久。分享好事，可能会让其他人心生嫉妒，但这又会让我感觉糟糕。分享不好的心情，有些人或许会开心，但这样会让自己更难受。为了避免陷入纠结，最好的选择是不发，也设置权限。"

网友 C 说："本来只是分享个人生活动态的朋友圈，到后来每发一条都要纠结是否要屏蔽家人、同事，甚至被公司逼着发朋友圈广告都需要设置'仅客户'可见，逐渐就不想再发了。"

每当我刷新朋友圈动态，滑动屏幕看到的全是微商、硬广告或是夹带私货的软广告，真实的生活动态寥寥无几。朋友圈从日更到月更，后来我索性关闭了朋友圈。

快乐若是分享错了人，就会变成炫耀；难过若分享错了人，则可能成为笑柄。

从朋友圈消亡事件来看，当代成年人已经意识到，唯有"停止犹豫，放弃谁对谁错"，才是维持好一切关系的最佳方式。

想要练就不纠结于小事的心态，你可以看看这几个准则：
· 纠结于"吃还是不吃"的时候，就选择"不吃"。
· 纠结于"买还是不买"的时候，就选择"不买"。
· 纠结于"做还是不做"的时候，就选择"去做"。
· 不要在情绪化的时候做选择。
· 不要在深夜的时候做选择。

当你面对重要的决策，想从纠结情绪里解脱出来时，可以这么做：

1. 关注需求而非对错

避免纠结的关键在于放下对"是好还是坏，这么做是否正确"的执着，我们要关注真实的感受和实际的需求。

在关系中，对于同一道选择题，每个人对不同选项都有自己的认知和见解，因此对于"正确与错误"的定义也会因人而异。面对棘手的局面，我们应该根据现有的信息和自身需求进行选择。当不能确认哪个选项"正确"时，我们应该意识到，更重要的是关注真实的感受和实际的需求，而不是纠结于选择是否"正确"。

为了避免纠结，在面临无法明确的选择时，用"需求"的思考角度替代"正确"的思维角度要更为合适。提醒自己过度追求"正确性"可能会导致争议发生。当我们从内心出发，真正尝试理解自己的真实想法和当前的实际需求时，我们可以向自己提出问题，如哪个选择比较符合我当下的目标？另外，还需要明确的是，我们所做的决定应该基于自身的需求和感受，而不是单纯为了满足他人或符合社会标准。

当我们坚定地相信，这是我们内心真实的想法或当前实际的需求时，就能做出坚定的选择。同时，我们也要意识到不确定性和变化的存在，保持灵活性和适应性，以应对"选择会变"这个可能性的发生。这样的心态和行动将使我们更加自信地生活，远离纠结和焦虑的困扰。

2. 做当下最好的选择

尼采说："一个人知道自己为什么而活，就可以忍受任何一种生活。"

做最符合当下需求的选择，可以避免被纠结的情绪左右。人生没有标准答案，亦没有最好的选择，只有适合当下自己需求的选择。做选择的时候，我们要明白信息永远都是不够的。就算做了选择，我们也不可能保证绝对没问题。因此，最核心的应该是遵循我们内心真正想要的或者事情发展的目标，以及做出选择后，我们能否承担由此可能会带来的不良后果。

愿意承担糟糕后果是不纠结的关键。纠结时，我们总是希望得到尽可能多的好处，但并不愿意为损失买单。要避免纠结蔓延，我们应该预想最坏的结果，这是很重要的。能够为自己的选择负责，并勇敢地承担可能出现的结果。只有这样，我们才能积极地行动起来，真正拥抱未来。

记住，生活中没有完美的选择，只有最适合自己的选择！

3. 行动是验证对错的唯一标准

人生百分之八九十的困惑都可以通过行动消灭。行动是消灭纠结情绪的重要一环。做出选择后，行动可以让选择切实地被执行下去。通过积极行动，我们可以转移注意力，认识问题的本质和找到解决途径，并与他人建立更好的关系，从而减轻纠结情绪的压力。行动起来之后，我们就会发现内心的纠结减少了，甚至消失了。

纠结无助于做出好的选择。行动起来吧！为选择负责，不要害怕。

叔本华说过："得与失是在痛苦与无聊、欲望与失望之间摇晃的钟摆，永远没有真正满足、真正幸福的一天。"

纠结的人常常陷入患得患失的情绪中，感受不到幸福和喜悦。因此，不要再纠结了，也不要等过几天再开始行动。

现在就开始训练自己的"决断力"和"行动力"，这样才能远离患得患失的困扰。

第三节　致命的嫉妒心

一、嫉妒与羡慕

谈到嫉妒，我认为，每个人生命里第一个嫉妒的对象，应该是自己。与自己比较，看自己的过去，感受现在的自己，嫉妒自己怎么比以前更好了。

我可真羡慕自己啊，能够拥有这么好的自己。

作为一个老民宿经营者，在旅游旺季的时候，我们总要面对"满房""售空"等供不应求的情况。这时候，我们就会把接待不了的客人推荐给还有"空房"的同业者们。如果那些被我们推荐出去的客人，在我们的面前对入住的新民宿赞不绝口，我们可能就会心生"嫉妒"："那你们下次来，是要住他们那里，还是住我们这里嘛？"

1. 嫉妒源自比较

回到现实中，嫉妒往往发生在人际关系中，因"比较后，觉得自己不如别人"产生。

虽皆因比较而产生，嫉妒有害且带着恨意，羡慕则无害无恨，反而有利于我们奋发向上。

当我们与他人处于竞争状态时，容易出现嫉妒的情绪，尤其是同事、情敌比自己优秀时。

我们常听到这样的话——"别人家的孩子"。这就是因为我们常常看到身边太多优秀的人，而回头审视自己的孩子"为什么这么差"，于是感叹还是"别人家的孩子"优秀。如果"别人家的孩子"确实比"自己家的孩子"优秀得多，多数人会认输，并从嫉妒转向悲伤。

嫉妒对人际关系是致命的。

2. 了解嫉妒情绪

什么是嫉妒？嫉妒，是人们对于自认为在某些方面比自己更优秀、更有才华、更有地位或者生活状况更好的人产生的一种负面情绪。这种情绪并不是简单地比较自己与他人的差距，而是对那些优于自己的人的敌意和攻击。显然，这是一种由于自身的不足而产生的对他人的敌视，是一种让人感到不愉快的情绪体验。

弗洛伊德的精神分析理论非常重视孩子在3—6岁这个年龄段的心理发展，他认为这个阶段是儿童心理发展的关键时期。这个时期的孩子，会开始与相同属性的父母进行竞争。比如，女孩会与母亲竞争谁更漂亮，男孩会和父亲竞争谁更强。这样的竞争就会引发嫉妒的情绪。

区分羡慕与嫉妒：

嫉妒和羡慕的不同之处就在于，羡慕里不带有恨意和敌意，羡慕能激发积极的行动力；嫉妒只会引发贬损他人，谩骂他人，甚至毁掉他人成果的现象。

羡慕是无害的情绪体验，而嫉妒是一种有毒的心态。羡慕他人的人，渴望从他人的美好里寻求希望的可能。嫉妒他人的人，则像个可怕的投毒者，总是试图摧毁他人的美好，在极端的情况下，甚至会不惜与他人同归于尽。

3. 嫉妒的类型

我们可以根据人际关系的复杂程度对嫉妒进行划分。首先是自我不满的嫉妒，这与内心的不满和匮乏感有关；其次是两人或多人关系中的嫉妒，这与资源不平等和竞争有关。

· **自我关系的嫉妒** 对自我的嫉妒，是一种向内的嫉妒，它往往与个人内心的不满和匮乏感紧密相连。这种嫉妒常见于思维受局限的人。当一个人认为无法自我满足时，则会将嫉妒投射到他人身上。嫉妒者会将视线对准那些与他们处于同样现状,但知足幸福的人。这种嫉妒的根本来源,其实是对自己的不满,因为对自己不满而痛苦,于是嫉妒他人。但嫉妒者并没有意识到痛苦与自我不满有关。

・**多人关系的嫉妒**　嫉妒源于比较,因此嫉妒在多人关系里更常见。这种关系里的嫉妒,源于许多因素,如认为他人比自己更多金帅气,比自己更优秀等,这种嫉妒可能影响一个人的自信和人际关系中的信任,并导致关系中的紧张和矛盾。嫉妒也与竞争关系有关。比如,多人需要共同竞争一个岗位而对彼此产生嫉妒,两人都想要争取到更多资源和奖励而产生嫉妒,等等。这样的嫉妒情绪,会造成团队成员彼此之间互不信任,甚至互相诋毁,容易影响整体的工作效率。

4. 嫉妒具有强大的攻击性

嫉妒是一种强烈的负面情绪,既不利于我们自身的身心健康,也不利于人际交往。

嫉妒情绪具有攻击性,这种攻击性相对比较隐蔽。比如,工作不顺利的人,看到其他同事受到上司各种褒奖或者获得升职加薪的机会,会忍不住"打各种小报告",散播不实的信息,目的是破坏那位让他嫉妒的同事在大家心里的好感,从而满足自己"见不得他人比自己好"的嫉妒欲。

为了释放攻击性,嫉妒者往往善于隐藏情绪和动机,从不轻易暴露真实想法。他们可能会利用言语或行为上的挑衅或者造谣、诽谤等方式来损害被嫉妒者的形象。但是,这种隐秘而有欺骗性的攻击方式往往并不能真正持久地达到其目的。嫉妒者的卑劣行径迟早会被揭露,他们的虚伪和阴谋诡计终将被世人看清。

二、把嫉妒当作成长的动力

我几乎不嫉妒他人,但是被人嫉妒这种事情,我常有体会。我曾经要出售一套自己的房产,左邻右舍、房产中介和一些擅长"割韭菜"的投机分子纷纷来询价。我的报价是依据市场价格和在售同户型的挂售价格来定的，价格合理。在了解到我的报价之后，物业和邻居的看法是："这个价格不贵，很合理。"房产中介则善意地提醒："目前可能是'有价无市'的状态，有客户会希望可以有部分议价的空间。"而带着想要"抄底"和"割韭菜"心态来的人，直接会说："你的房子，恐怕要打三折才能卖得掉。但我可以给你出四折的价格。""价格确实太低了，你再看看其他的吧。我不急着卖。"我认为我拒绝得很委婉了，结果对方却直接流露出嫉妒和挖苦的态度："得意什么？只有穷人才要卖房。"

这样得不到就要诋毁他人的嫉妒情绪，令人感觉很不舒服。

1. 承认嫉妒

根据精神分析理论，只有转变态度，才能克服俄狄浦斯冲突。

3—6岁阶段的男孩对母亲拥有占有欲，于是嫉妒父亲的强大力量，又因为自己力量薄弱而感到害怕，这就是俄狄浦斯冲突。这种冲突在孩子的潜意识里会始终出现"我不可以成功"的想法。

能够克服俄狄浦斯冲突的人，嫉妒会转化为羡慕；无法克服的人，则会形成俄狄浦斯固结，很难从嫉妒情绪里解放出来。

2. 要谦逊，懂赞美

嫉妒是一种复杂而矛盾的情绪，人是无法平静地表达出来的。

在日常生活中，我们可以用"别人的成就与自己无关"这样的想法来抵御嫉妒的情绪。

但是，很多时候，嫉妒情绪仍然会出现在竞争关系或者人际关系里。那么，保持谦卑的姿态，学会赞美对方，可以帮助我们建立健康的竞争关系，减少嫉妒情绪的影响。

感到嫉妒时，我们要避免掩饰嫉妒心，承认自己的嫉妒情绪。我们应当意识到自己期望从嫉妒对象身上获得什么东西。然后，我们要看到嫉妒背后，自己不被满足的需求是什么。从对方身上，找到值得自己学习的地方。另外，通过思考自己的幸福感来源，也可以削弱嫉妒感。

感到嫉妒时，我们要认可对方的成就，并用大方地表达自己的"赞美"来替代"嘲讽"。克服嫉妒情绪需要时间和努力。通过意识到自己的期望，保持谦虚，赞扬对方的成长和分享自己的成功，我们就可以逐渐减少嫉妒情绪对自己的影响，从而建立更积极的关系。

3. 尊重对方

切忌轻视和批判，学会表达尊重。

不要表现出优越感，不要拿自己和他人比较，这样就不会产生嫉妒情绪。

另外，不要说他人的坏话，这样只会破坏你的口碑，增强你内心的嫉妒感。每个人都有自己的优点和缺点，如果你抓住他人的缺点不放，这不仅会伤害到他人，还会让自己不受欢迎。每个人都有自己的独特之处，没有人是完美的。如果你觉得自己比他人更优越，这只会让你变得傲慢和自大。相反，你应该学会欣赏他人的成就和优点，并且与他们一起合作，共同实现更大的目标。

尊重他人是一种美德，也是一种智慧。如果你能够尊重对方，避免嫉妒情绪，你不仅能够建立更好的人际关系，还能够提高自己的品质和影响力。

4. 不要轻易退缩，在嫉妒中成长

在感到嫉妒时，我们不应该轻易选择退缩。否则，自卑会阻碍我们成长和进步。

如果我们总是想着"真嫉妒对方啊，相比之下，自己怎么努力都无法企及"，那么我们就会陷入自卑感的泥潭。当我们感到嫉妒时，可以将其视为一种挑战、一次机会，让我们更加明确自己的目标和方向。我们可以从他人的成功中寻找启示，学习他们的经验和技巧，然后将其应用到自己的生活中。我们可以时常鼓励自己说："我也有我的优点。"即使没有人认可我们的努力，我们也应该相信自己的价值，坚持自己的信念。

这样做，我们就可以把嫉妒转化为动力，推动自己不断前进。我们才能在嫉妒中找到自我成长的力量，从而实现自我提升。

第四节　被讨厌也没关系

一、你是"老好人"吗

"我这样做，她会开心吗？"

我的朋友秀秀，一个 30 岁的姑娘，手中拎着一块看起来很好吃的蛋糕问我："我这样做，她会开心吗？"秀秀感觉室友不开心，不知道怎么做能让她开心起来，就买了块蛋糕带回家。秀秀是个不太显眼的女孩，走在人群中很难被注意到。但如果你成为秀秀的朋友，你就会发现她把"对你好"当成她的使命。

看着眼前这个紧张中带着期待的姑娘，我问她："这样做，你开心吗？"她有些惊讶。似乎从没有人问过她是否开心，包括她自己。

我在秀秀的身上，看到了我父亲的影子，一个从不拒绝任何请求，会付出一切去帮助他人、满足他人、取悦他人，而从来不要求任何实质回报的"老好人"。当然我的父亲也换回了所有人的认可和尊重，身边大部分亲戚朋友、工作上的同事一提起我的父亲，一定会将他视为一个难能可贵的"老好人"。

你的身边有秀秀那样的朋友，或者像我父亲那样的"老好人"吗？

1. "老好人"心态

在"老好人"的心态里，有"讨好""取悦""利他"等心理特征。也就是说，"老好人"会通过无偿地牺牲自己的时间、精力甚至金钱，来满足他人的要求，换取他人的正面评价。

当然有很多人，包括我在内，一旦把自己置身于一种社交场景中，就很难避免完全只顾自己不顾他人。因此，在很多关系之中，采取讨好、取悦等利他的手段，就能够赢得他人的亲近、喜爱和尊重，甚至可以避免冲突的发生。

为了避免冲突，在特定的场合，我们关注他人需求，并表现出"讨好和取悦"的态度，其实是合理的。然而，不分场合、不分情况的"对他人好"已经成为一些人刻入骨子里的习惯，这就是我们所说的"老好人心态"。

如果你表现出类似"老好人"的心态，说明你可能是一名"习惯性取悦者"。习惯性取悦者的特征是过度关注他人的需求和感受，忽视自己的内心需求和感受。他们的内心通常隐藏着如下一些典型的情绪：

・**恐惧**　因为害怕得到负面评价而恐惧。

・**自卑**　习惯性取悦者内心通常比较自卑，对自己抱有低评价、自我否定的态度。总是认为自己不够好，不该得到他人的关注和尊重。

・**焦虑**　时常因担心自己无法满足他人的期望，或者自己的行为会让他人不满意而焦虑。

・**依赖**　习惯性取悦者的成就感和价值感需要依赖他人赋予。

习惯性取悦者总是会忽视自己的内心需求和感受，更多关注他人的期望和评价。这种行为模式背后包含了长期希望得到认可并尽量避免被批评的心态，以及自卑、焦虑和依赖等不良情绪。

2. 习惯性取悦者类型

心理学的研究表明，习惯性取悦者被习惯性讨好行为驱使的其中一个原因是他们无法看到真实的自我。习惯性取悦者大多时候是无法很好地评估自身价值的，总是觉得自己卑微无用，因此需要不停地从他人的认可中获得安全感。

习惯性取悦者可以分为两种类型：迎合型取悦者与"内耗"型取悦者。迎合型取悦，是一种有意识的社交手段；"内耗"型取悦则是一种无意识的、控制不住的"内耗"行为。

①迎合型取悦的特征

·**擅长道歉，容易过度自责**　他们常常感到内疚或不安，即使在他人没有明确表达不满或生气的情况下。他们往往会过度自责，认为自己可能做错了什么。

·**不能忍受别人对自己不满意**　"内耗"型取悦者非常在意他人对自己的看法。他们不能忍受他人对自己不满意，甚至会为了他人的期望而改变自己的行为或观点。

·**不惜代价地避免纷争，甚至甘愿牺牲自我**　"内耗"型取悦者总是竭尽全力避免冲突，甚至不惜一切代价。他们可能会牺牲自己的需求或利益，仅仅为了维护和谐的人际关系。

②"内耗"型取悦的特征

·**从不拒绝**　迎合型取悦者从不拒绝他人的请求或要求，哪怕这些请求会让他们感到非常不舒服，甚至违反自己的价值观。

·**认为自己应该对他人的感受负责**　他们往往认为自己应该对他人的感受负责，因此会过度承担他人的情绪压力。

·**甘愿放弃自己的观点**　即使内心并不赞同，但为了取悦他人，他们可能放弃自身的观点和立场，只为了满足他人的期望。

·**依照他人的喜好来改变自己的言行**　他们常常猜测或分析他人的兴趣爱好，然后调整自己的行为和个性以迎合他人喜好。他们总是过于关注他人的愿望和期待，甚至会主动揣摩他人的喜好，这可能会导致他们失去自己的个性和特征。

·**需要得到外界称赞**　需要他人的赞美和肯定来获得自我价值感。他们的自我价值实现完全取决于他人对自己的看法，而缺乏自我肯定的能力。

二、为什么我们会忍不住对他人好

习惯性取悦者已经将对他人好、取悦他人当成了自己的生活习惯。

"取悦"这个词，读起来十分暧昧。通常在亲密关系里面，为了哄另一方开心，缓和关系中的矛盾，我们会用上"讨好"的方式。但为什么在关系更疏离的社交场合中，我们也会不由自主地去讨好他人呢？

在日剧《风平浪静的闲暇》中，女主角大岛凪是一个典型的"习惯性取悦者"。为了满足男友的喜好，她每天只做能让男友高兴的事；在公司里，她会时刻关注同事的一举一动。如果感觉同事不高兴了，她就慌忙道歉，甚至主动背锅。她总是在承担许多不属于自己的工作，因此常常加班。但是，她所做的这一切并没有让她得到男友、同事的尊重。男友时常辱骂她，说她是"小气的女人"，而在同事眼中，她只是一个可以被随意使唤的工具人。

观众们实在不能理解，为什么她总是如此卑微地靠他人的脸色过活？

·**害怕被讨厌** "害怕被讨厌，习惯委曲求全"，可以很好地表达"习惯性取悦者"的卑微心理。

虽然我们有时候也需要顾及他人的看法，但不能以牺牲自己的尊严、放弃自己利益的方式去迎合他人。因为很多时候，我们知道自己只能满足一小部分人，并不可能得到全部人的认可。但是大岛凪并不这么想，她取悦他人是因为"害怕"，她非常害怕自己不合群，害怕和他人发生冲突，更害怕被他人讨厌。所以，为了躲避"害怕"的感受，她需要努力地在他人面前展现出好人的形象。

·**安全感缺失** 为什么我们会习惯性地讨好他人，委曲求全，即使他人并没有威胁我们？

这个问题的答案可能涉及我们的心理和社会行为。通常，这种行为归因于我们在小时候极度缺乏安全感。这种安全感的缺失可能是因为父母缺乏关注，孩子经常被忽视、被暴力对待或者生活在不稳定的环境中。在这些情况下，我们无法依赖父母或周围的环境提供的安全和保障，因此，我们学会了如何在这种不安全的环境中生存，学会了更加依赖自己的能力，而不是相信他人的支持。

这种缺乏安全感的心理状态可能会持续到我们成年后。即使我们处于非常安全的环境中，也可能会感到害怕、焦虑和恐惧。当我们成年后，身处更加复杂的人际关系中,担心他人的批评,恐惧他人的看法成为我们的本能反应。我们必须不断地证明自己的价值,赢得他人的认可和接受,否则就会感到不安。缺乏安全感的心理状态,可能会导致我们在人际关系中过度妥协,忽视自己的利益,甚至在没有必要的情况下委曲求全,只是为了避免冲突或不满。

三、告别玻璃心,实现身心自由

"玻璃心"是一种容易受到伤害或过度敏感的情绪状态。在人际关系中,玻璃心的人常常害怕被非议,他们的内心就像玻璃一样易碎。当批评、反对、嘲笑、否定等不好的信息传到耳边时,他们就会在心里认定自己一定是被讨厌了。为了不被讨厌,为了不听到批评的声音,玻璃心的人在与人交往时,倾向于给自己戴上一副"老好人"面具,以维持表面的"为他人好"的状态。

1. 痛苦的"老好人"们

"老好人"们表面看起来拥有许多朋友和广泛的社交圈,但这并不代表他们拥有健康的关系,或者健康的心理状态。习惯性取悦者的吸引力可能只是表面的,那些被吸引的人并没有真正尊重他们。有些人甚至会利用习惯性取悦者讨好的心态来操纵他们。请"老好人"们务必警惕!

"老好人"们很难表达自己真实的情绪状态,即便受到攻击伤害,也会选择压抑自己。由于过度在意他人的感受,他们会认为,只要能换来友谊,自己被利用也是值得的。然而,总是扮演老好人的后果并不仅限于此。只关注他人的情绪和想法逐渐会让习惯性取悦者忽视自己的需求。

"老好人"们常常会为了照顾和帮助他人而不顾自己的感受。他们总是忙于满足他人的需求,导致自己精疲力竭,无法有效地帮助他人。

令人尊敬的"老好人"们,你们是否羡慕那些在人际交往中能够保持自我的人?他们的辞典里没有下意识的迎合,是什么让他们如此洒脱而肆意地自在生活呢？

2. 勇敢做自己

我们总在追求各种形式的自由，如"咖啡自由""车厘子自由""旅行自由"等，其实，这些都是为了实现"做自己的自由"，但问题在于，"老好人"们总是不允许自己"做自己"。

当你总是试图通过不停地讨好他人来换取自尊和认可的时候，你必须意识到：你已经失去了掌握自己人生的权利。一定要勇敢做回自己，你可以时常问问自己：我追求的是什么？我是为了什么而存在的？……想想这些问题，你就能找到自己独特的闪光点，就能明白"自己的人生应该由自己掌握"这个道理。

3. 学会拒绝

"不会拒绝"是"老好人"们的弱点，有时候他人之所以提出要求，就是因为知道"老好人"们不会说"不"。

怎样委婉地拒绝呢？在合适的场合和情况下，拒绝实际上是在向他人展示底线。如果你没有明确告知他人你的界限，他们可能就意识不到自己的行为已经越过了你的底线。如果你真的没有时间和能力，就应该与对方进行平和的沟通，让他们理解你的处境和想法。

另外，切忌一味地"替他人背锅"，更不要因此而感到自责。如果对关系的破裂感到害怕，你可以好好思考"身边最重要的人是谁""谁是我们真正想帮助的人"。你想到的那个人一定是值得你信赖的人，他不会因为偶尔的拒绝而使你们的关系走向破裂。如果会，那么这样的关系也不是你需要继续维系的关系。

4. 设置底线

克服讨好取悦的心态，"老好人"还需要了解"自己的底线"在哪，给自己设置一个"安全空间"。内心拥有稳稳的安全感，才能让我们避免受到讨好取悦情绪的控制。

如果必须要取悦他人,你首先要取悦自己,其次是你最在意的人。

如果你习惯了当"老好人",已经养成了取悦他人的习惯,请学会向试图取悦他人的心理提出警告和拒绝,告诉自己:"被讨厌也没关系!"

第五节　最高级的尊重，是懂得保持安全距离

一、感觉被冒犯了

谈了一段办公室恋情，彼此间常因为身份错位而尴尬事件频发。

既是夫妻关系，又是合作伙伴关系，发生争吵的次数比原本单一关系增多了。

我们的七大姑八大姨，总想要操控我们，为我们解决人生大事。

事无巨细地为他人操碎了心，反被误解为居心叵测。

因为不知界限在哪里，很多人感觉与他人沟通很困难，导致自己承受过多的压力。

想象一下，如果被他人限制，你只能早餐吃面包，午餐吃牛排，你会觉得舒适吗？显然，大多数人会感到自己的边界正遭受入侵，内心难受不已。

俄罗斯作家邦达列夫说过："人类一切痛苦的根源，都源于缺乏边界感。"

近年来，边界感常被提及，尤其在涉及处理各种人际关系问题时。由于界限模糊而导致关系混乱，所处立场不明确，会让我们在面对问题时，不知该站在哪个角度去理解。比如，办公室恋情最尴尬的就在于：一旦分手，该如何处理复杂的关系。两个人尴尬、周围的同事也尴尬，还会影响正常的工作。在快节奏的工作中，办公室恋情就像是一场危险游戏。它不仅考验着你和恋人之间的信任度，还会引发一连串的复杂情绪反应，尤其是在关系破裂后。你可能会发现自己陷入了一个尴尬的境地。我一直认

为，办公室恋情并非完全不可行，但必须在深思熟虑，并且彼此懂得如何保持"边界感"之后，才能尝试。

1. 被冒犯感和安全边界感

在了解边界感之前，先认识一下被冒犯的感受。

·**被冒犯** 当我们感到自己的边界被入侵，自我意识在被新的思维或行为试图强制改变的时候，心里非常不乐意就是"被冒犯了"。当我们产生被冒犯的情绪时，内心对违背我们意志的外部力量会有强烈的抵触情绪，这股外部力量可以是他人的思想、语言，也可以是一种行为。当我们感到被冒犯时，我们会将这种情绪转化为抵抗行为，这是我们为了保护自己的边界不被入侵而实施的自我防御措施。比如，被强迫吃什么饭，被强迫按照对方意志行事等都是常见的被冒犯行为。最恶劣的冒犯行为有殴打、猥亵、强奸等。

被冒犯的情绪体验常常发生于上下级关系或多元复杂关系中。

·**边界感** 边界感是指人际交往中的边界和尺度。它指的是个人能够准确识别并维护自己与他人之间的界限的能力。这种界限不仅包括物理上的界限，如身体的距离、私人空间等，更包括情绪感受、关系交往和行为表现三个方面的界限。

情绪感受的边界，是指个人对自己的心理状态和情绪的认知和控制。每个人都有自己的情绪和感受，有时候这些情绪和感受可能会对他人产生影响。因此，我们需要有能力识别和管理自己的心理状态，避免让负面情绪影响他人。

关系交往的边界，是指个人对自己与他人关系的处理和维护。这包括对同事关系、朋友关系、亲人关系、亲密关系等多种关系的处理。

行为表现的边界，是指个人对自己行为的控制和管理。这包括我们的行为是否符合社会的规范和期待，是否尊重他人的权益等。

边界感包含了情绪感受、人际关系和行为表现三个方面的复杂感受。它要求我们在人际交往中，既要保护自己的权益，也要尊重他人的权益，同时也要遵守社会的规范和期待。

2. 拥有边界感的具体表现

拥有边界感的人能够清楚地了解自己的需求、情感和立场，同时也能够尊重他人的需求和界限，从而维护健康的人际关系，并且在受到他人干涉侵犯时，也能及时地提出警告。缺乏边界感的人，自身不仅对界限距离概念模糊，而且会在无意识下侵入他人的领域，或者是将自己的需求以"理所当然"的姿态强加于他人，这会导致他人产生个人空间被入侵的不愉快感觉。

在朋友之间，边界感会表现为"不会自以为是"。和朋友吃饭时，应该与对方沟通并尊重对方的意愿。如果朋友邀请你聚餐，你不能擅自带着朋友不认识的人一同前往，并且应该结账或按照约定付款。朋友之间应该互相尊重和认可彼此的边界感，以维护良好的人际关系。

在职场中，边界感表现为"认可彼此的专业度"和"不随意干涉对方的专业领域"。每个人都应该专注于自己的工作领域，并且尊重他人的专业领域和决策权。

在夫妻或情侣关系中，边界感同样存在。双方应该尊重彼此的个人空间和自由，不过度管制或干涉对方的生活和决策。互不打扰是健康关系的重要特征之一。

3. 健康边界感的特点

· **责任心** 健康的边界感意味着对自己和他人都有一定的责任感。不仅需要关注自己的需要和利益，也要考虑他人的需求和感受。在做事情之前，有健康边界感的人会考虑到自己的行为对他人可能产生的影响，并尽力避免给他人带来负面影响。

· **平衡感** 拥有健康的边界感意味着个体能够在不同的人际关系和生活情境中保持平衡，即他们能够在保持自我的同时，与他人建立良好的关系。知道如何平衡自己的需求和他人的需求，并在两者之间找到一个合适的平衡点。

·**适应能力** 拥有健康的边界感意味着个体能够适应不同的生活情境和人际关系。他们能够根据不同的情境和关系调整自己的边界位置，适应不同的社交距离和人际交往方式。

·**自我控制** 拥有健康的边界感意味着个体能够控制自己的情绪和行为。他们能够处理好自己内在的冲突和情绪，不会因为情绪失控而破坏人际关系。在遇到挑战和压力时，他们也能够保持冷静并采取有效的应对措施。

健康的边界感是一种自我保护和尊重他人的平衡状态，有利于建立良好的人际关系，有利于个人的心理健康。边界感的存在对个人的心理健康和人际关系的发展都至关重要。通过建立和维护健康的边界，人们能够更好地平衡自己和他人的需求，建立互相尊重的关系，并提升自我保护和自我成长的能力。

二、不成熟的越界

"婚闹"是现代社会里存在的一种低俗且不文明的边界冒犯行为。为了热闹和拉近距离，婚礼现场的男女亲友之间会通过玩一些小游戏来营造热闹和欢乐的氛围。随着社会的发展，人们的心理压力越来越大，为了释放内心的情绪，有些婚礼现场就出现了"以热闹之名，行不轨之实"的婚闹现象。

在情感节目《再见爱人3》中，硕硕和睡睡是最年轻的一对夫妻嘉宾，从校园走向婚姻，他们原本有十年深厚的感情基础。然而，那场发生了婚闹的婚礼却成为他们婚姻走向结束的开始。

婚礼上，睡睡的伴娘被硕硕的伴郎，以婚闹之名实施了"骚扰"行为。当"婚闹"如此明目张胆地发生，而伴郎却没有一丝歉意，新郎硕硕自始至终也没有及时站出来伸张正义，由此而遭受了巨大心理创伤的睡睡和她的伴娘，在这场婚礼后渐行渐远再无联系。而新郎硕硕对婚闹行为所表现的缺乏"道德边界"意识的态度，也使这对新人原本深厚的感情，出现了巨大的裂痕。

一场毫无底线和道德边界感的"婚闹"，将牵扯的关系（友情、爱情）直接带往疏离和破裂，并且新娘、伴娘的心里将一直存在巨大的心理阴影。严重缺乏责任感、边界感的新郎和伴郎是无可非议的罪魁祸首。

有边界感会导致疏离吗

答案是肯定的。毫无边界感和分寸，如"婚闹"，是不能被允许的越界。

我们这一代人，背负着沉重的精神负担，总是担心别人的看法和感受。但我们也需要通过独立来承载自我，亦不能将快乐和价值感寄托于他人。

虽然边界的出现可能会带来疏离感，但同时也能塑造自我，促进个人的心理成熟。

· 边界感是独立的基石 懂得设立界限，是我们走向成熟的重要一步。它让我们学会独立思考、独立判断和独立决策。只有这样，我们才能在复杂的社会中立足，不被他人左右。然而，有些人却始终无法理解边界感。

边界感，是判断个体心理成熟度的标志之一。

· 无边界感的人，人格青涩 缺乏边界感的人不仅自恋且依赖过度。

有自恋倾向的人，很难接受他人的建议和评价。我们在与自恋者相处时，常常需要迎合他们的想法和感受，而这种感受并不那么让人愉快。如果一个人过度依赖，就相当于放弃了自己的界限，而以他人的思想为思想，以他人的选择为选择。久而久之，他的生活必定会出现问题。

我曾有一位同事，有一天，她突然被公司辞退了，理由是缺乏独立工作能力。她很郁闷："我觉得我对公司贡献还是很大的，为什么要这样对我？"她的领导是如此回复的："你去打印一份资料，都要打电话问同事是 A4 纸还是 A3 纸，是黑白还是彩色。只是一份文字文档而已，你是不懂得如何判断吗?""你每次出差办事,都需要让别人帮你把每一份资料准备好,出差后还会打电话问,你把我的资料放哪里了?公司是应该给你配一个助理,对吗?"

缺乏边界感,过度依赖他人帮助自己做决定,可能会产生两种结果。一是他人不堪重负,最终被抛弃;二是逐渐失去独立人格和独立生活能力,陷入自我否定的状态里,直到意识到自己需要改变。

三、你是个成年人了

边界保护了我们的自主权,让我们在自由的空间里不受干扰,有助于我们进行有效的自我评估,同时也促进了人际关系的健康发展。

"远而不疏是种能力,近而不入是种智慧。"树立边界意识是我们处理人际关系中非常重要的一种能力。

一个心理成熟的人一定是情绪稳定、独立自主、边界清晰的人。然而,边界感太弱或太强都不好:太弱容易被人控制,太强容易干涉他人。那么,我们应该如何设置合理的边界范围呢?

1. 明确关系性质

一个成熟的人应该能够保持情绪稳定,具有个人独立性和清晰的边界感。为了设置合理的边界范围,我们需要明确人与人之间的关系。

·**社会关系** 工作伙伴关系、行业关系、上下级关系等都属于有利益往来的社会交往关系。对于社会关系,我们必须保证明确的距离感和界限范围,以避免过多涉及个人隐私。同时,我们也要学会适度控制自己的言行举止,避免过度干涉他人的私生活。

·**信赖关系** 同学关系、朋友关系、邻里关系、协议关系等基于认同和相似性而产生的关系可以称为信赖关系。对于信赖关系,我们应该确保互相尊重和认同,彼此支持和鼓励。不轻易冒犯彼此的边界,认可自己的同时也要尊重他人。

· **亲密关系** 父母、亲人、伴侣等毫无秘密并且彼此之间存在归属感联结的关系都可以称为亲密关系。对于亲密关系，我们应时刻保持对彼此感受和需求的关注，并给予更多的支持。

在这三种关系中，社会关系对隐私的开放度最低，信赖关系对隐私是半遮半掩的态度，亲密关系对于隐私则几乎毫无保留和遮掩。

明确关系的性质和重要性是合理设置边界范围的关键。通过合理的设置和处理，我们可以建立健康、稳定的人际关系，为自己和他人创造更好的生活和发展空间。只有在清晰界定个人边界的前提下，我们才能更好地与他人相处，实现和谐共处。

2. 制定交往原则

在了解了人与人之间属于哪种关系后，为了将其维护好，我们需要着手制定自己的关系支持系统，并设定不同关系的交往原则。只有这样，我们才能形成良好的边界感。制定交往原则并不容易，我们可以考虑先写出一些原则性的问题，看看自己如何回答：

· 社会关系

社会关系的礼仪和准则是什么？

职场中如何处理上下级关系和同级关系？

与客户、行业人员打交道时应该怎么做？

· 信赖关系

什么样的关系，才能称之为朋友？

信任的前提和基础是什么？

如何看待信任关系里的利益往来？

· 亲密关系

亲密关系里，可以有秘密吗？

亲密关系里，最不能接受的是什么？

你可以参考以上的问题，写出自己内心想要了解的疑问，制定更适合自己的"交往原则"。

明确人际交往的关系性质,制定不同关系的相处之道,不仅可以帮助我们找到"边界感",掌握好与他人相处的分寸,也标志着我们的心理开始成熟:我们不再是"不懂事的小孩"。

是的,你已经是个成熟的大人了!

第六节　幽默力："自黑"是应对冲突的"化骨绵掌"

幽默力，即表达负面情绪时，能够让人快乐的能力。

幽默力是一种难能可贵的本领，是一种调节紧绷心情，化解负面情绪的有效方法。它可以减弱负面情绪对矛盾冲突的影响，从而达到调解矛盾争议的目的。

事实表明，人在轻松状态下最容易并且最乐于接受外界信息。作为表达者，想赢得别人的关注和赞同，首先要做的就是让对方放松，而幽默的表达可以达到这种效果。

幽默力，是人际关系中缓解冲突，收获沟通松弛感的"化骨绵掌"，也是合理表达情绪的顶级手段。

一、幽默力的意义

幽默力的意义在于，既合理地宣泄了情绪，又合法地吐槽了不满。

幽默与诙谐是一种只有强者才能参与的游戏。只有内心强大、精神独立、自信充盈、乐观通达的人，才能够将麻烦变成趣味，将苦闷通过吐槽和娱乐化的语言表达出来。在娱乐他人的同时，幽默的人也能享受到幽默给自己加持的魅力。

面对"一地鸡毛"的生活，与其独自懊恼，不如众人乐。

1.幽默力，是松弛的心态和成长型思维共同作用的产物

哈佛大学的心理学家在调查成功人士后发现，"毅力是昭示成功的一种人格特征"。但是心理学家们无法完全解释毅力是如何产生的，只知道毅力不是由才华、美貌决定，而是受到成长型思维的影响，且成长型思维

中包含了一种很重要的要素，即"幽默力"。

拥有幽默力的人，可以排解困难来临时的压力，保持乐观的态度和拼搏挑战的精神。

我们为什么会感到人生很艰难？因为生活中处处都有"屏障"，因为生存重担已经压得我们快直不起腰来。有些屏障是自身就有的，有些屏障是社会环境设置的，还有些看不到的屏障，会让我们在行走途中突然被撞得头破血流。拥有幽默力的人，能够乐观地看待这些屏障，他们能够将每一次小挫折都当成对心智的磨炼，最终实现个人成长。

其实，幽默本身是放松的，并没有太多刻意的东西。将平淡平常生活中的经历，用富有趣味的方式表达出来，引人深省和发笑，这就是幽默力。

幽默力的精髓在于自然、松弛，能够产生共鸣。

2. 幽默力，能够增加人格魅力

幽默让人自信从容。具有幽默感的人通常更加自信和开放。他们能够自嘲，接受自己的缺点，同时也体现出自己的优点。幽默不仅仅是说笑话，更是一种看待世界的方式。这种自信和开放使他们更容易与人沟通，也能够在各种场合中更加自如地展现自己的才华。

3. 幽默力，是关系的桥梁

如果你总是在咆哮，那么所有人会对你感到厌恶。

如果你不主动开怀，那么没有人会对你上扬嘴角。

幽默力让人倍感亲切。拥有幽默力的人，可以在一片枯燥乏味的世界里播种出美好的花朵。

拥有幽默力的人通常能够更好地理解他人的情感和想法，并且能够以一种轻松和愉快的方式与他人交流。在尴尬或紧张的情境下，幽默力甚至可以发挥奇效，它可以轻松地打破僵局，缓解紧张的氛围。

二、善用幽默力

弗兰克尔在《追寻生命的意义》中指出:"幽默在使人超越环境和世俗束缚的能力上更为强大。"

掌握生活艺术的关键,在于培养幽默感并学会以幽默的视角看待事物。但想要拥有幽默力并不简单,对于从小在愉快氛围里成长的人来说,幽默力已经刻到了骨子里。而对于大多数不善言辞、成长环境未必那么愉快的人来说,这是一种需要长期训练才能习得的沟通技巧。

那么,究竟要如何表达,才能维持好成年人的情绪体面,消灭不愉快的氛围呢?

1. 幽默力第 1 招:高情商"自黑"

富有幽默力的人擅长用调侃自己的方式来吐槽不满。

在心理学中,有一个概念被称为"犯错效应",指的是承认自己犯了错反而会提升魅力。但是,在进行自我调侃的同时,也应展示出实力,否则会事与愿违。

富有幽默力的人表达幽默的方式首先就是调侃自己。

"人有两种,一种是长得好看的,一种是长得丑的,我夹在中间属于好丑的。"

"你唱歌不好听啊。""我是个模特,我连身高都不够,你还要求我有唱功?"

"你不要再侮辱我的身高,否则小心我跳起来打你的膝盖。"

"自黑"不一定很好笑,但能够"自黑"的人一定已经有了从容接纳"不完美评价"的幽默力。

"自黑"的时候,如果你学会变相地赞美对方,也许能帮你得到额外的人缘和机会。

比如,"我的胆子小小的,小到几乎没有。世界上没有我不怕的东西,我怕遇到大雨,怕弄湿衣服,怕被雨水浇冷我的心。但是在你的身边,我就没有这种担忧。因为我知道你这里是安全的地方,所以我可以放肆大胆地在雨中起舞。"

有人也许会问："会不会玩笑开过头，让别人讨厌自己？"

将靶心对准自己，取自己的缺点做谈笑的乐子，那就永远不会伤害到其他人。

"自黑"永远是有效的幽默力之一。

2. 幽默力第 2 招：从模仿开始

幽默力可能无法花钱买到，但我们可以花时间研究学习。通过观看大量的脱口秀和段子，我总结了几种适合零基础的造梗方法。

·**制造反差感** 反差的意思是"不走寻常路"，但在"非比寻常的路"与符合"惯用思维的既定路线"之间，应确保他人能够理解，才能形成"具有共鸣的幽默效果"，达到暖心的作用。比如，看起来凶狠威猛的哈士奇，个性却像个"温顺的二愣子"，这个鲜明的反差感让人类面对本应感到惧怕的哈士奇时，可以完全放下戒备与哈士奇愉快玩耍。但如果反差感过于突兀，他人完全不能理解，存在强行联结的关系，那么只会变成"冷幽默"，让人感到内心冷飕飕或尴尬，起不到缓解紧张气氛的作用。

·**利用多重语义** 同一个词，往往可以引申出不同的含义。利用相同词语或句子的不同含义，我们可以衍生出令人意想不到的"反常理""反直觉"的表达逻辑。

·**玩谐音梗** 谐音梗也是常见的开玩笑方式。

幽默力与取悦他人无关。

幽默的人比直接发泄情绪的人更有涵养。

富有幽默力的人，会在需要克制自己愤怒的时候说一声："我来自雾都（重庆），雾都的人民从不和人吵架""为什么呢？""因为渝心不忍。"

富有幽默力的人，时常用幽默的态度来表达自己。如果用咄咄逼人的交流方式，不能缓解紧张气氛，那么尝试一下用幽默的话语来表达自己的感受吧！给自己的情绪安上幽默的滤镜，然后看看效果是否真的那么神奇。

第四章

投入亲密有间的爱情

亲密有间，顾名思义就是能远能近，既有爱人间灵魂之火的碰撞，也能适时地给予彼此独处空间，保持适度的边界感。这才是一段比较健康的恋爱关系。

但是感情这件事，实在很难评。人的一生离不开"情"这个字。情使人成长，也让人受伤。比如"智者不入爱河"，即便是充满智慧的人，都很难将情感这件事处理得特别好。

教科书式的亲密关系是不存在的，爱情的问题需要每一个人自己上场解决。

游刃有余地处理亲密关系里的矛盾，又不影响其他领域的发挥，是人生的重要功课。

第一节　生气很难改善关系

一、情感刺客

当你正饥肠辘辘，需要补充能量的时候，你的另一半却陶醉在悬崖落日的美景中，怎么叫都叫不动，你能不生气吗？当她苦恼于各种琐事和工作压力时，你突然收到意外降临的惊喜，陶醉在惊喜中的你根本不能好好倾听她的烦恼，只会自顾自地表达自己的喜悦，甚至认为她所说的一切都是自寻苦闷，她能不生气吗？关于究竟要不要选择在这个古城多停留几天，她持反对意见，想要尽快出发去下一个目的地，而你认为这里还有很多美好等着你们探索；马上要离开了，她提出想要明天凌晨4点出发，去山顶看日出，而不喜欢早起的你却因为这个想法压力重重……时间有限，需求不同，关于究竟该选择去逛哪个景点，两人都会争执很久。除此之外，还有故意绕路的司机、卫生堪忧的酒店、踩雷的晚餐……旅途中的伴侣，很难有不生气的时候。

在日常生活中，人们也时常会生气，即便是脾气很好的人。

这世界上不存在不生气的人，只有不会处理生气情绪的人。

1. 什么样的感觉是生气了

当遇到不符合自己心意的事情而感到不舒服、不痛快时，这就是生气。当一个人生气时，内心总有一股需要向外释放的负面情绪。

当一个人感到生气的时候，呼吸会变得急促，需要深呼吸来配合突然高涨的心情，这时候心率也会比往常更快。

人人都会生气，但每个人生气的表现各有不同。有的人会喋喋不休地用尽各种埋怨责怪的词语；有的人会沉默不语、脸色低沉——通过表情告知"我也是有脾气的";有的人则会突然敲击桌面或是转身离开,用行为来控诉"我生气了"。生气上升到更严重的程度时,发脾气的人会嘶吼咆哮、大吵大闹甚至出现攻击性行为,如摔砸东西、挥拳、推搡、踢打等,以发泄心中的怒火。

2. 生气的三种类型

生气是伴随我们从小到大的情绪,根据引起生气的对象不同,可以将其分为以下三种类型。

第一种,因他人生气。这种类型的生气往往源于他人的行为、态度或言语,我们会感到被冒犯、受到不公正对待或被忽视。例如,当他人无视你的意见或感受,或者当他人做出让你不满的决定时,你可能会对他生气。这种类型的生气常常涉及与他人的相互关系,以及他人对我们期望的背离。

第二种,因自己生气。这种类型的生气指向自己,因为自己的行为、表现或对结果感到失望而生气。当我们在某个方面犯了错误,做出了不理智的决定或未能达到自己的期望时,我们可能会对自己生气。这种类型的生气往往伴随自责、自我怀疑和自尊心的受损。

第三种,无名的生气。有时候,我们可能会感到生气,但无法准确地确定这种情绪的来源。这种无名的生气可能是由于压力、疲劳、焦虑或其他未能明确的原因产生的情绪。这种生气常常是一种内在的冲突,难以用具体的事件或因素来解释清楚。这种类型的生气通常需要自我反省和情绪管理的技巧来处理。

3. 生气是情感刺客

生气是亲密关系里让双方不舒服的情绪之一。生气就像情感刺客一样,伪装得普普通通,却具有隐蔽性和破坏力,在某个意想不到的时刻对感情"刺"下致命的一剑,使双方的心理都受到伤害。

朋友小旬曾在感情上遇到困扰。小旬是一个在工作上和朋友间都能温和处理问题、轻松应对的人。她在工作上付出最大的耐心为客户解决棘手的问题，与朋友相处也都能够互相谅解、支持和帮助。可是在爱情上，小旬时常因为一些小事跟男友生闷气。这些小事可能只是一些无足轻重的琐事，但小旬却会因此而感到不满和暴躁。

一次，小旬和男友相约一起吃晚饭。小旬想要带上她的猫一起去，但小旬的男朋友却认为不太合适。"现在很少有可以允许宠物入内的餐厅。允许宠物入内的餐厅，我可能找不到。而且就算有，我们还要费尽心思地照顾它，会影响我们就餐心情。"面对男朋友的拒绝和不配合，小旬生了一肚子闷气，而男友干脆不予回应，其实就是"不同意"，最终他们的晚餐计划也泡汤了。这样的情况发生过很多次，小旬感到越来越疲惫。她不知道该如何处理，也不知道该如何让这段感情回到之前的状态。

小旬在外人眼里，明明是个温和、有耐心的人，为什么在亲密关系里却频繁置气呢？

这是因为情感刺客只对亲近的人下手。

心理学家理查德森花了 30 年做的一项调查表明：相较于陌生人，我们更容易对亲近的人表现出攻击性。也就是说，越是亲密的关系，我们越容易肆无忌惮地互相伤害。

而且这种亲密伴侣互相伤害的现象通常只在日常里，那些意想不到的小事上出现。

4. 生气时的表现

一类是直接攻击，即不带任何掩饰，直球式地释放攻击。

假如，当你因加班而感到很疲劳，回到家听到伴侣抱怨，你直接生气地说："我已经很累了，你还不让我安心。"这种直接表明"我生气了"的行为，虽然能够让对方立即了解到自己的做法不太合适，但如果对方也正有很多痛苦在心头烧，你这样直接攻击可能会让你的伴侣觉得自己不被在意，甚至引发更严重的冲突。

另一类是非直接攻击，即不通过正面冲突来达到目的。

假如你的伴侣忘记了你们的纪念日,你希望他能主动想起来,没有主动提醒他。于是,你选择故意不回复他的信息,说话时也冷淡回应。这样做的目的并不是挑起争吵或引发冲突,而是希望通过这种方式让对方意识到自己忘记纪念日的错误,并主动去弥补。但是,这种行为可能会让你的伴侣感到困惑,甚至产生误解,如他可能会认为你是在故意制造矛盾。这样一来,你原本只是想提醒对方,却不知不觉地引发了一场不必要的争执。虽然非直接攻击看似隐蔽,但往往会造成意想不到的后果。

最坏的脾气永远留给最亲近的人,在亲密关系里总是忍不住互相伤害,这就是我们生气时的表现。

二、令人生气的理由

最令人恐惧的亲密关系,就是两个人经常控制不住脾气,互相扮演着情感里的刺客,彼此消耗。

在某档情感节目中,妻子在婚姻里的歇斯底里,对丈夫肆无忌惮地发脾气,毫无底线地精神打压,让屏幕前的观众们都深深感受到了压力和窒息。

但每当妻子病态地发疯时,丈夫所表现出的不反抗、不回怼,也不表示认可的"沉默咆哮",不得不说,也是妻子生气的根源。

妻子的生气是求而不得的痛苦的发泄,而丈夫沉默不语的态度,是引发妻子一而再再而三情绪失控的导火索之一。

1. 两个孩子间的晚恋

成年人的恋爱实际是两个内在小孩的爱情。

在我们每个人的内心深处,都住着一个长不大的孩子,那就是我们的内在小孩。心理学里,当一个人幼年时期的心理需求的某些部分没有得到过满足,那么他自我需求的一部分将永远留白,并在未来的人生中不断地向外寻求补偿。其表现就是退化到孩子的状态，用孩子的方式做出反应。

感情其实是两个内在小孩彼此找补的联姻。而在这样本应是互相弥补缺失、互相赋予的关系里，得到满足的一方默默享受，无法得到满足的一方容易生气也是自然而然的了。

2. 令人生气的理由

虽然相较于陌生人等其他人际关系，生气这个情感刺客在亲密关系里出现频次更高，对感情的杀伤力更是惊人，但实际上引起生气的理由却是清晰可见的：

①**双方供需失衡** 这是典型原因。恋爱中的供需一旦不能达到平衡：需求方就会感到挫败和怀疑，求而不得之后只能生气；供给方意识到对方需求过度，超负荷透支下也只好生气。

渴望的爱与得到的爱，被索取的爱与自己想付出的爱，这两组爱的内部双方无法匹配时，人就容易对伴侣生气。

我在向你表达"我要的爱是什么"，而你推推搡搡，骂骂咧咧，不愿意给予。反过来说也一样，你在向我表达"你需要的爱是什么"，而我认为你不配得到我那么多爱。

在这样失衡的关系中，谁能感到舒适呢？

②**男女思维差异** 这是关键原因。男女思维差异会导致情感诉求有所不同。大多时候，在亲密关系里，女人和男人需求的点不太一样，因此也导致双方无法及时转换思维角度，来理解对方"为什么这点小事就生气"。当二人不能互相理解彼此的想法和行为，并觉得对方"不可理喻"时，误会和争吵就开始了。

一直以来，男性生气更多是这些理由：

· 自尊心受挫，自己的努力没有被看到。

· 对方对自己要求过高，肩负过重的责任。

· 失去自由，感觉到被约束。

而传统的女性生气的来由大多是这几点：

・感觉不到被保护，从对方身上获取不到足够的安全感。
・内心需求被无视，得不到对方的回应。
・对方没有为自己改变，看不到对方的改变。

③原则问题　这也是一个人发火的可能原因。没有无来由的生气，一个人生气通常有迹可循。比如，对方犯下了原则性的错误，做出了违背原则的欺骗行为，你因为没有得到直接诚恳的道歉，或者因为被隐瞒而感到生气，这是自然而然的情绪反应。有时，生气是因为感到自己的边界被侵入，自我防御机制启动做出反应。比如，对方冲你无缘无故发脾气的时候，你也会反击；有时候对方向你开了过分的、越界的玩笑，你很难不生气。

在生气状态下，难受、紧张、不和谐的氛围会萦绕在亲密关系中。生气的人变得面目狰狞，而受气方看起来无辜又害怕，这不是一对爱人，更像是仇人。

亲密关系里，一方总是动不动就生气、抱怨，另一方一味受气忍让。当忍无可忍之后，两人开始陷入无休止的争执中。处在如此压抑和令人烦躁的关系中，没有人不想恢复单身。

三、生气也需要有仪式感

一天晚上，我约见了我的伴侣——一位工作很敬业，对待友人很诚恳，但对我却总是缺乏耐心的人。我想要和他好好谈谈，因为我对他最近的一些做法已经忍无可忍了。

对我来说，这件事仿佛有种仪式感：一家播放着舒缓歌曲的咖啡店里，在一张散发着木质香的长桌前，我们面对面坐着。这个位置通常需要提前预约，位于咖啡店靠窗的角落，一侧是透亮的落地窗，另一侧是一字排开的绿色植物。半包围又通透的场景，很适合安静地说话，又可以随时冷静地看看窗外。女咖啡师站在不远处的吧台里，正在准备着我们的咖啡，但我并不着急让她开始。店员先给我端上来一个插着新鲜花草的玻璃花瓶，翠绿的枝叶上挂着晶莹剔透的水珠，两朵向日葵正娇艳地开着。

"我们好好聊聊吧！"这场以"表达生气"为主题的仪式开始了。

1. 正确地生气才能改善关系

生气是有用的，只是很多人没有善用生气。生气不完全是负面和消极的。

生气的时候，如果彼此都能够好好地说话，生气也可以是一个清理"内心淤堵"、整理彼此真实需求、改善不良关系的好时机。

当我们在面对面处理生气情绪时，最重要的是要学会有效地表达内心的不舒适感，同时也应尝试理解并尊重对方的感受，建立良好的沟通氛围，以解决当前主要的问题。

2. 提出：想要聊聊，可以吗？

当自己想要生气的时候，可以尝试营造"想要好好和你聊聊"的仪式感。

首先，寻找适合沟通的场所。在舒适的环境下展开一场对话，会让本应剑拔弩张的两人，从一开始心情就变得柔和，进而维持理智体面的交谈氛围。

然后，正确说出让自己很生气的事情。在向对方倾诉心情时，切记不要翻旧账。我们只需要将自己内心的需求和原本对对方的期待，以及让自己感觉火冒三丈的部分好好地整理出来，适宜地进行表达。

假如是某一天对方的做法让我们感到生气，那就先要有意识地转换角度，将表达的关注点放在自己内心的需要上，而非对方的行为上。比如，男朋友为了打游戏总是对自己不理不睬，那么就尽量地使用"我是因为我需要你的陪伴"来取代"我是因为你总是打游戏"来进行表达。这样的情绪输出方式，可以有效地减少彼此内心的怒气，有助于双方恢复理智。

最后，当我们平静地将内心的需求表达出来后，就可以进入开放式的讨论，询问对方的看法。

3. 表示：想听你说说，好吗？

如果对方正在生气，那么通过营造"我想要听你说说"的仪式感，来缓解因为生气而紧张的氛围。在营造倾听氛围前，切忌打断对方，切忌暴力式的回应。

被对方的怨气影响良好的心态时，可以先深吸一口气，同时表示自己需要先消化一下。等能够适应这种氛围后，再采取合理的方式进行沟通。开始沟通前，务必先认真倾听，厘清对方的诉求。比如，"你好像很生气，能告诉我是什么原因让你这么生气吗？"如果是自己无意识的错误言行导致，先真诚地道歉，再询问对方的要求。

同样是需要我们有意识地转换理解角度，将理解问题的关注点，放在对方生气背后的内心需要上，而非对方所指责的我们的行为上。这样，也会让受气的我们能够感觉好受一些。如果对方刚好在气头上，也许很难立即说清自己的需求，那么你需要耐心地慢慢引导、询问。

生气并不一定是消极的，它也可以是交流情感和解决问题的一种方式。有时候，生气后还能获得彼此的谅解，生气是出于自我保护的目的，确定双方还有信赖感。

当亲密关系里的两个人都能够冷静地表达自己的感受，倾听对方的观点并寻求共识时，生气反而更像是一种"两个内在小孩互相扶持成长、亲密关系即将深化前"的仪式感。

注意!

营造生气仪式感,一定不要以宣泄情绪为主,而要以解决问题为主。

表达令自己生气的理由,首先要看清自己内在小孩的真实需求,和对方目前可以给予的是否匹配。尽量避免强迫性重复栽跟头,造成"他根本做不到你想要的,而你一直强迫他必须做到"的局面。

这时候,切断"改变他人"的念头,先从"改变自己,影响他人"开始做起吧,说不定因为这次生气,你们原本陷入僵局的关系,反而可以冰释前嫌!

第二节 冷漠为何是一种暴行

一、冷却的热情

不同于其他关系,亲密关系是必须有"情绪温度"的一种关系。毫无温度的情感,要么是陌生人的关系,要么是两个人工智能在恋爱。冷漠在具有社交距离的关系里不值得一提,甚至可以被忽视,但在亲密关系里,一定要引起我们的重视。

> *良好亲密关系经历的阶段*:热情→温情→平淡
> *不良亲密关系经历的阶段*:热情→温情→平淡→冷淡→冷漠

· **热情** 火热和激情感。这是亲密关系初期的阶段,双方充满了激情、浓烈的爱意和吸引力。在这个阶段,人们通常会感到兴奋、快乐,并且希望与对方更加亲近。这时候的两人对彼此充满信任。

· **温情** 温暖和温柔感。在这个阶段,双方发展出更深的情感和亲密感,建立起更为牢固的信任和理解。人们开始更多地关注关系的稳定和发展。这是信任程度较高的时期。

· **平淡** 平和和坦然感。当亲密关系进入平淡阶段时,热情和激情会逐渐减少,生活中的日常事务和责任变得更加重要。这个阶段,人们可能会经历一段相对平静和安逸的时期,人们开始更注重关系的稳定和共同的生活。这时候的信任感比较恒定。

当亲密关系趋于平淡时,会呈现出两个趋势,关系维持良好的两人能够逐渐适应生活的琐碎和平淡，并完全包容彼此的优缺点，不良亲密关系里的两人则容易受到问题和挑战的冲击。

·冷淡　两人出现沟通不畅、争吵等情况时，感情会逐渐降温，变得冷淡。这个阶段的亲密关系依旧保留一些信任感。

·冷漠　如果问题不能得到解决，冷淡的感觉会进一步发展为"冷漠感"。当双方感到冷漠的时候，亲密关系的双方可能已经失去了信任感，行为表现为互动减少或者停止沟通，甚至是对对方漠不关心。在这个阶段，信任危机开始出现，信任程度降到最低。

爱情的初期，两人展现了极大的热情和渴望靠近的需要。随着亲密关系里的两人越来越亲近，现实的问题更为凸显，矛盾冲突变得多了起来。于是热情逐渐冷却，激情渐入冰点。

1. 冷漠的感觉

冷漠是指麻木不仁，失去情绪感受力的一种感觉。冷漠感受并不完全是道德缺失，而更多被视为"心理问题"。当我们经历了太多失望，对他人失去信任，就会对后续相同情境或者他人行为感到麻木，主要是"不想再看见，不愿意再去面对"。感到冷漠时，冷漠者已经对眼前发生的事件和他人的需求麻木不仁，并且拒绝行动和沟通。

如果你你对别人的感受，甚至遭受较强感受的刺激，都没有什么感觉，那你可能患上了"冷漠症"。"冷漠症"的症状通常为表情木讷、面色木然，经常沉默不语，行动迟缓或者一动不动。

冷漠不仅仅存在于亲密关系里，也是当今整个社会都非常值得探讨的一种情绪。

在社会关系中，冷漠往往与人性、道德品行有关。在亲密关系里，除了道德品行外，冷漠与两人的亲密程度、信任程度以及责任感、包容度有着更高的关联度。在亲密关系之外，有部分性格内向者，他们的冷漠大多是因为不想与外界进行过多的交流。

除了沉默、不言不语外，冷漠也包括语言上的冷冰冰、不带一丝感情、拒绝顾及对方感觉、不愿意换位思考等情感分离状态。

冷漠到极致就是心理上的暴力行为。擅长冷暴力的人甚至会直接用严苛的否定、愤怒的责骂、激烈的"泼冷水"般的批判句式向亲密伴侣传递负能量，实施精神压制。

2. 冷漠的类型

在我看来，冷漠有三种类型：刻意冷漠、被迫冷漠和无意冷漠。不同的冷漠类型也对应不同程度的情绪感知力。

·**刻意冷漠** 刻意冷漠就是主动型冷漠。这种类型的冷漠是有意为之的。人们之所以选择故意冷漠他人，可能是因为个人心理防御机制，不喜欢或不信任对方，或出于其他个人原因。

这种类型的冷漠者，对他人的情绪感知力较强，可以游刃有余地操控情感。

生活中的某些坏人往往很擅长采取这种刻意冷漠的行为策略。

·**被迫冷漠** 被迫冷漠是人们不得已选择的被动冷漠。这种类型的冷漠是在外界环境或他人的要求下被迫选择的。有时候，人们会受到来自工作、学习或社会的压力等方面的影响，导致他们不得不表现出冷漠的态度。被迫冷漠的人可能会感到无奈或压力重重，不得不掩饰或隐藏真实的情感。

这种类型的冷漠者，大多内向，不善言辞，情绪感知力较强，但他们的冷漠与主动刻意选择的冷漠不同。被迫冷漠的人往往是因为个人防御、避免冲突而选择使用冷处理方式。

被迫冷漠者表面冷漠，实则内心戏十足，通常情况下，他们更不容易处理好自己的情绪，因而更容易出现心理问题。

·**无意冷漠** 无意冷漠是无感型冷漠。这种类型的冷漠源自对他人需求或情感的无意识或无意愿的忽略。这可能是因为个人疏忽，没有意识到对方的情感需要或难以与他人建立情感连接。无意冷漠的人可能并非有意对他人冷漠，而是出于无意识的行为或态度。

这种类型的冷漠者，情绪感知力很弱，有的是天性如此，有的是后天导致。天生冷漠的无感型冷漠者，在没有外界提醒的情况下，完全不会意识到发生了什么，完全不知道发生这件事应有什么感受。即便有人告知，他尝试去认真体验感受后，感受到的情感依旧是木讷的，这说明他已经陷入了彻底无感的状态。

无感型冷漠者，也就是拥有冷漠型人格的人。冷漠型人格的人，心灵自带情绪过滤屏障，几乎不会刻意伤人，也很少自伤和"内耗"。但某些时候，具有冷漠型人格的人，需要注意提升对他人情绪的感知力，避免无意之语、无意的行为对他人造成伤害。

在以上三种类型的冷漠者中，刻意冷漠者是最擅长"冷暴力"的人群，而被迫冷漠者大多是因为防御机制启动，需要时常采取"冷处理"的方式来缓解氛围。任何一个冷漠者如果处理问题不当，都很容易自伤或伤人，造成无法与自己和解，与他人关系破裂的恶劣影响，严重的可能会导致自我出现"分裂"。无论是刻意还是无意，长期对他人进行"冷暴力"，都会使他人受到不可逆的心理伤害。

3. 冷漠为什么会变成暴行？

当我们谈到暴力行为时，往往只会想到肉体上的暴力行为。很少有人会想到冷漠，但冷漠超过一定限度，也会有不同程度的负面影响。严重地，甚至会演变成一种心理残杀行为，给受到冷漠对待的人带来心理上的创伤。冷暴力会打击我们的自尊心和自信心，让我们感到焦虑、不安、恐惧、自卑、孤独和失落。这些负面情绪会逐渐累积，最终导致情绪失控、心理失常。

冷暴力给我们心灵造成的伤害，不亚于肉体暴力带来的痛苦。

当冷漠变成一种暴行时，会给亲密关系里的双方带来巨大的影响和伤害。认识冷暴力，有助于我们采取相应的措施应对冷漠，避免冷暴力继续蔓延下去。

二、识别冷暴力

冷暴力对心理的伤害很大。一旦冷漠发展到冷暴力阶段，被冷暴力虐待的人，身心将逐步被扭曲伤害。

亲密关系是冷暴力的频发区。由于情境和身份的不同，我们在亲密关系中自身位置也可能会发生变化。有时候，我们既可能是冷暴力的施暴者，又可能是受害者。

为避免进入一段充满冷暴力的亲密关系，我们需要着重了解一下冷暴力是什么样的。

1. 冷暴力的语境和表现

除了沉默不语之外，以下的话术，你是否也似曾相识呢？

"这两天很忙，实在没空回复。"

"你为什么不能体谅我，你看看××的女朋友。"

"这点事自己不会处理吗？你怎么这么矫情呢？"

"瞧瞧你多窝囊，也只有我能看得上你。"

明确的质疑、直接的否定、不留情面的批评，这就是冷暴力语言的特点。而具体到日常行为表现来说，实施冷暴力的人通常会有如下表现：

·时而热情，时而冷漠，让恋人感觉其行为无法预判。

·常常否认对方的真实感受，很难共情对方。

·贬损对方，让对方怀疑自己，伤害对方的自尊。

·用回避、示弱的方式来控制对方，激化对方的情绪。

2. 冷暴力实施者

当冷漠升级到暴力范畴时，不同的冷漠者类型，会对亲密关系造成不同程度的伤害。其中，刻意冷漠者和被迫冷漠者都有成为"冷暴力实施者"

的倾向，而被迫冷漠者升级到冷暴力的倾向最弱。

首先是冷暴力最强有力的实施者——刻意冷漠者。他们刻意展现出冰冷的态度，冷落、无视伴侣，甚至贬低、诋毁伴侣，这说明刻意实施冷暴力的人是有意为之，已经不存在任何继续维持这段亲密关系的念头，故意采用这种残忍的切断行为来伤害、贬损他人，从而阻断关系。

其次是冷暴力较强的实施者——无意冷漠者。无意识状态下无意冷漠者对他人都比较冷漠，并不是有意为之。这类冷暴力者更多与原生家庭、内心需求、个人性格有关，这冷漠暴力实施者在无意中伤害了他人，通常能取得他人谅解。他们在意识到自己的冷漠后，只要愿意尝试调整自身态度和行为方式，就能弥补伤害，修复破损的亲密关系。

最后一种是被迫冷漠者。被迫对他人实施冷暴力的人，有时候也是冷暴力的受害者。他们的冷漠并非激进型，而是展现出防御。当被迫冷漠者不得不用同样激烈的态度回应对方时，他们的目的更多的是在进行自我防御，避免伴侣过分的态度让自己陷入盲目讨好和"内耗"中。

要判断冷暴力实施者的类型，我们也可以从其他方面来考虑。一些常常实施冷暴力的人，有时候自身也存在不为人知的人格缺陷，我们应注意观察。例如，自恋型、强迫型、偏执型、分裂型以及边缘型人格障碍等。其中，自恋型人格障碍和边缘型人格障碍，在亲密关系里比较常见。

3. 冷暴力受害者

受到冷漠暴行摧残的人，往往能感觉到"即将失去什么"，这种体验是极其难受的。冷暴力受害者会有多种复杂难言的情绪涌现，如他会感到心寒、悲凉、阴冷等，这些感受都和"丧失感"有关。因为受到了对方冷漠的对待，冷暴力受害者感觉到"今夕不同往日"，"好像有什么要失去了"，感觉到"被背叛、被辜负"，甚至"有不好的预感"。这就是冷暴力受害者内心痛苦纠结的情绪。这种情绪反映到身体上，就是心一下子凉了下来，且心凉的程度取决于自己被冷暴力行为影响的程度。

如果严重地被冷暴力伤害到了，冷暴力受害者可能就会内心寒凉到疼痛难忍的程度，并触发悲伤、抑郁等情绪，如同坠入黑暗深渊一般。

如果实在无法忍受，冷暴力受虐者也会被迫变为冷暴力的实施者。双方各自手握一把无形的刺刀，陷入无尽的战斗中。

最初有多相爱，最后就有多痛恨，这是亲密关系最不堪的结果。即便分手，也不能好好地分开。

无论过去和现在，你正在遭遇什么，内心有什么想法，都请避免成为亲密关系里举起"冷漠"这把刀的刽子手。

三、拥抱彼此，让感情回温

我的伴侣也许是我见过最冷漠的人。他的冷漠在于事事有回应，但事事均遵循原则，非必要不会由情绪左右自己的选择。他也是我见过最冷静的人，面对自身和亲密关系里的问题，总能及时劝自己，或者是劝我先冷静下来，确保关系不会因此动摇，之后再去解决问题。

在爱情的世界里，冷漠并非总是坏事。有时，它像一堵墙，保护我们免受伤害。但是，当我们选择竖起冷漠的高墙时，也应将其合理地安放于能够解决冲突的位置。

如何将冷漠控制在合理的范围，减少冷漠对他人的伤害，避免冷漠升级到暴力行为呢？我们可以这么做：

1. 作为冷漠者

·**倾听很重要** 认真倾听恋人的诉求，尝试理解对方。这意味着，我们要给予对方足够的关注和重视，而不是冷漠地对待他们的感受。在日常生活中，冷漠者可能会对恋人的喜怒哀乐视而不见，甚至在对方痛苦时，仍然保持距离。这种行为让恋人感到孤独和无助，甚至可能导致感情破裂。

为了避免这种情况的发生，冷漠者需要学会倾听和理解。当恋人表达自己的感受时，冷漠者应该给予关注，而不是敷衍了事。例如，当恋人诉说自己的压力和困扰时，冷漠者不应轻描淡写地说："你也太矫情了吧，这才多大点事儿啊。"而是应该站在对方的角度尝试去理解问题，说声："亲爱的，我懂你的感受。"这样，恋人会感到被关心和重视，从而更愿意与冷漠者分享自己的内心世界。

·**切勿暴力打断** 不要暴力打断对方的倾诉，应采用冷静的凝视或者表情来阻断交流。在沟通中，冷漠者往往容易用粗暴的方式打断对方，这会让对方感到被冒犯和不被尊重。为了改变这种状况，冷漠者需要学会控制自己的情绪，用冷静的态度去应对恋人的诉求。这样既可以避免冲突，又能让恋人感受到冷漠者的关心和支持。

·**自检冷漠缘由** 要识别自己是否存在压力或者心理问题。你的冷漠可能是心理问题的体现，如自卑、焦虑或者抑郁等。如果你发现自己经常对恋人冷漠，就需要反思自己是否存在心理问题。这时，你可以寻求专业心理咨询师的帮助，以便更好地了解自己冷漠的根源所在。

2. 作为被冷漠对待的人

·**减少指责** 在感情中，双方都可能存在问题，过度的指责和抱怨只会让双方的关系更加紧张。因此，当发现自己被冷漠对待时，你首先要做的是调整自己的心态，尽量以平和的心态去面对这个问题，给双方一些时间和空间去思考和调整。

·**不要苛求** 识别自己是否苛求了对方。在感情中，我们往往会对恋人有一定的期望和要求。然而，苛求可能会导致对方产生压力和负担，从而产生冷漠的行为。因此，你要学会适时调整自己的期望值，给对方一定的自由度和空间。同时，也要认识到每个人都有自己的缺点和不足，不能期待对方完美无缺。

·**了解被冷漠对待的来由** 了解对方的需求和冷漠的来由。在感情中，双方都需要付出努力去维护和发展关系。因此，要主动去了解对方的需求和期望，尽量满足对方的合理要求。同时，也要尝试从对方的角度去理解冷漠的原因，判断对方是否存在心理障碍或其他问题。通过这些努力，可以增进双方的了解和信任，从而改善冷漠的状况。

3. 避免冷漠升级为冷暴力

为避免冷漠升级到冷暴力模式，双方可以共同制定冷静期规则。

冷静期规则是一种有效的缓解情感僵局、避免亲密关系走入冷暴力模式的方式，可以帮助双方在冲突和争吵之后冷静下来，重新审视问题并找到解决方法。

·**确定冷静期的时间长度** 冷静期的长度可以根据具体情况确定，可以是几分钟到几小时，甚至更长的时间。重要的是，双方能够在这个时间内冷静下来，避免情绪化的言行。

·**创造一个安静的环境** 在冷静期内，双方需要远离其他干扰因素，找一个安静的地方，专注于思考和反思。你可以选择一个舒适的房间、公园或者户外的安静角落。

·**尊重彼此的空间** 在冷静期内，双方应尊重彼此的空间和隐私，不要进行任何干扰或打扰对方的行为。这有助于双方更好地集中精力思考问题。

·**写下你的想法** 在冷静期内，你可以写下自己的想法和感受，包括对冲突的看法、自己的需求和期望等。这有助于双方厘清思绪，并更好地理解自己和对方的立场。

·**倾听对方的感受** 在冷静期结束后，双方可以再次坐下来倾听对方的感受和想法。通过真诚的倾听，可以增进理解和沟通的效果。

·**寻找共同的解决方案** 在冷静期结束后，双方可以一起探讨解决问题的方法和策略。通过合作和妥协，双方一定可以找到都能接受的解决方案。

4. 拥抱彼此

当冷静期结束时，给彼此一个拥抱吧！

这个拥抱不再是被冷落的、无言的、寂寞的，而是重新充满了爱意与温暖。这个拥抱是我们彼此之间宽容、理解和爱意的象征。它象征着我们愿意放下过去的误会和争执，愿意接纳对方的缺点和错误，愿意用爱去化解所有的矛盾和冲突。它象征着我们的成长、我们的蜕变、我们的相互依赖和相互支持。

这个拥抱不仅是对过去争吵的和解，更是对未来良好亲密关系的期许。它是一个誓言，承诺我们将以更大的耐心、更深的关爱和更宽广的胸怀去面对未来的挑战。它让我们相信，我们的关系将会更加稳固，更加美好，更加让人珍惜。

当然，拥抱有时候也意味着双方对这段关系的释然。

没有解决不了的问题，只要彼此都能放弃固执的坚持，努力去解决。

第三节　卑微的爱情是否该继续?

一、失去自我的人

我见过许多都看似处于融洽的亲密关系的情侣和夫妻。他们时常在朋友圈里秀恩爱，在外人眼里看起来是非常般配的一对，如海海和阿娇。海海和阿娇是一对恋人，在一起将近六年，彼此默契。可时隔三年当我再次与阿娇见面时，我发现阿娇似乎不再是三年前刚与海海恋爱不久时意气风发、春风满面的样子。言谈之间，我感觉她卑微了许多，自信乐观已几乎难觅踪影。

那天，阿娇穿着一件肥大松垮的衣服，身材看上去臃肿不堪，长发散乱地垂落于肩上。她看上去似乎很累。

"救救我的爱情吧，我觉得自己糟糕透了。"阿娇对我说。

她说，她这几年感到越来越不自信。因为经济不景气，她被裁员了。

"这几年我全靠男友养着。连我都看不起自己，没有他我觉得自己活不下去。"阿娇认为自己没有工作，长相平平，如今越来越胖，像是男友的"拖油瓶"，"也只有他能够忍受我。"而当我希望她说说男友的近况时，阿娇则开始了滔滔不绝的夸赞"他的工作稳定，收入高""家庭条件优越，长得帅""他的个性比较强势，可以保护我""他总是能够及时告诉我，哪里是需要改变的问题"。但再次提到自己时，阿娇又回到了对自己非常不满的状态："我那么糟糕，男朋友会不会不要我了。"

在恋爱里感觉卑微的人，会习惯将结果想得很糟糕，并且特别害怕打扰恋人，害怕惹对方不耐烦，害怕对方发脾气。有时候即便是在工作、生活上遇到了一些麻烦，他们也不会主动寻求恋人的帮助。

在这样的恋爱关系里，卑微的一方总会感觉底气不足，时常觉得自己不配得到恋人的爱。这可能是我们本身的自卑感和低价值感在无形地起作用。

1. 了解卑微情绪

卑微的情绪包含自卑感和低价值感等与低自我评价有关的情绪。

· **自卑**　这是一种沉淀、厚重的情绪。感到自卑的人，整体的自我评价很低。自卑是深层次、沉积于心底、有固化趋势的一种情绪。自卑并非突然发生，也不是偶尔到来，而是长时间无意识下形成的低价值心态。自卑是一种身处关系中，与他人比较才会有的情绪。内在自卑的人，其基本信念会永远指向"自己不如他人"，并且会倾向于拿自己的短处与他人的长处比较。自卑者内心评定的标准通常以社会标准为主，比较范围聚焦于身边的关系和目光所及处。

自卑不仅是内在精神个性使然，还是与他人比较外在物质条件之后形成的认知落差。比如，如果身份不如恋人，我们则会感觉自卑。还有，家世背景不够好，收入不多甚至不聪明也是自卑的来源。另外，形象不佳也容易让人感到自卑。

自卑者有两种类型：显型和隐型。

显型自卑者的自卑行为表现非常明显，他们看起来身体虚弱无力，缺乏内在力量的支撑。对人对事畏缩不前，与人沟通也显得信心不足。

隐型自卑者往往无法察觉到自己的自卑情绪，虽然他们的自卑体现在内心深处，但他们无法接受真实的自己看起来是自卑的，于是向外展现时，本能地用盲目的自信和自恋来掩盖内心的自卑，从而弥补内心缺乏的优越感。

· **低价值感**　一个人感觉到自己在他人内心中无足轻重，像个小透明，这就是低价值感。他们看不到自己存在的价值，认为他人的一切言行举止看起来都像在否定自己。低价值感是自我肯定能力的丧失。他们认为自己的价值应由他人评定。有时候，即便他人给予自己的是正面评价，低价值感者仍会本能地不信任正面评价的真实性。

2. 爱情里的卑微感怎么来的？

面对想要追求的爱情，谁没有卑微过？然而当卑微不能换来尊重，不能换来爱情里的平等以及爱的权利时，是否还应该继续这段关系？

爱情里的两人要互相分享，共同成长，并肩作战，彼此加油打气，那才叫亲密关系。

当我们在爱情里已经卑微到尘埃里，但却没有获得恋人该有的尊重和认可，这说明我们可能陷入了一段不健康的"寄生关系"里。

如果说"共同成长、互相滋养、双向奔赴"的共生关系才是健康的恋爱应有的亲密关系，那么寄生式爱情则是在一段理应平等的关系里，出现了手握"情感指挥棒"的支配者和依赖者两种角色，这是一种不应在感情里出现的"阶级关系"。在这样不平等的关系里，身处下位的情感依赖者，需要完全依赖上位者赋予正面评价和自我意义。下位者在这段关系里，已经彻底丢失了独立性和自我人格价值。一旦下位者收获的评价是负面的，他就会感到卑微，配不上对方，甚至失去对方支持就会不知所措。

我们之所以自卑，除了父母因素，普遍追求优越感的社会环境因素外，还和亲密伴侣的精神打压有关。

· **父母因素** 你会感到卑微，也许是深受父母性格影响，从小得到的认可不多。父母的性格特点和对我们的教育方式会对我们产生深远的影响，从而影响我们的自我价值感。例如，如果父母在教育中比较苛刻，经常对我们挑剔指责，就会导致我们的自我价值感受到负面影响，低自我价值感在就会日后的人际关系中表现出来，如我们在恋爱关系中感到自卑、不被重视等。

· **社会评价环境** 社会对个人成就价值的评价体系有普遍标准。个人的价值感、优越感和成就感，往往由社会普遍评价而来，如学历、收入、家庭出身、社会地位等。如果我们无法达到社会认可成功者的评价标准，就可能会感到自己低人一等，缺乏自信心和勇气。在亲密关系中，我们也会时常感觉自己不够好，不值得被爱。

· **恋人的降维打压** 在失衡的关系里，情感操控者会对另一方采用各种方法来控制和支配情感，从而实现自己的利益，满足自己的精神需求。例如，一些人可能会在关系中强调自己的优越性，如学历、收入等，从而让恋人感到自卑和无力。又如，一个人可能会长期使用暴力、言语攻击等手段来控制他的恋人，从而让其产生自卑感。这些降维打压行为会对一个人的心理健康产生负面影响，使其产生不平等感、自卑和压抑等情绪。

在这样卑微的爱情里，人们总会千方百计地将恋人的地位置于自己之上。甚至，恋人并没有拥有比我们更出类拔萃的条件，而他们仅仅为了满足自尊和优越感的需求，也会把所有自卑和无助感都投射给我们，通过各种挑剔和打压，让我们变成那个自卑的替罪羊。

在这样的亲密关系里，我们慢慢变得自卑、敏感、胆小，时常感觉自己没有任何话语权，总是担忧失去，或是感到对方在掌控着关系的一切走向。这时候，我们必须警惕了。

二、难以觉察的PUA

PUA 全名为 PICK-UP ARTIST，是指关系里的精神控制行为，是一种隐性的心理虐待，即洗脑、精神控制和心理虐待。企图精神操控的一方常常通过夸大事实、歪曲真相、制造恐惧等手段来建立起自己的权威和控制地位。而作为普通人，我们常常无意识地沉沦于PUA而不自知。

在亲密关系中，当"自卑""卑微""低价值""不配得"等这些情绪折磨你时，你会感到自己极其卑微，没资格拥有恋人的赞美和关爱。为了不失去对方，你几乎不敢对恋人提过多的要求，因为你觉得对方并没那么在乎你，就算说出内心需求，对方也不会满足你。在这样卑微的关系里，你只能无止境地包容对方，即便恋人做出了过分的行为，你也会尽量克制自己，避免争执。

1. 识别自己是否遭受了 PUA

近年来,我身边至少有两位朋友遭受了 PUA 带来的严重精神伤害。因为感觉到在关系里的状态不对,来寻求婚姻咨询帮助的夫妻,越来越多。

寻找合适的伴侣,从激情到稳定,能够准确地识别他人,真的非常重要。和一个错误的人在一起,你付出很多,但不仅无法获得幸福,反而可能会遭受更多的精神压迫和伤害,最终你变得越来越不相信自己,甚至感到自己一无是处,卑微无比。

"你好土。"这句话是批评。

"你好土,该打扮打扮了。"这是批评加建议。

"你太土了,所以别人都不想被你土到,只有我能接受你的土,不嫌弃你,只有我对你好,所以你要听我的,知道吗?"这就叫 PUA。

2.PUA 施虐者

实施 PUA 的人,其行为模式围绕以下几种:

·**质疑** 通过不停质疑对方,而让对方感到自我怀疑。

常见话术为"你太敏感了"。这句话的潜台词是,你不应该拥有你自己的意识,你所有的感觉都是不对的,你不应该相信自己。还有,"我对你这么好,而你却这样对我?"这句话的潜台词是"你的行为是不正确的"。从而把他的行为无限美化,而把你的行为无限丑化。最后,你会认为,亲密关系中的一些争吵都是由自己的问题导致的。

·**羞辱** 通过不停地语言羞辱、贬低对方,而让对方逐渐丧失自信心。

常见话术:"你就是这样的自私、愚蠢、天真、疯狂的人,你不可能改变的……"这句话的逻辑是通过对你贴标签,让你自己也开始认同"确实是你自己太糟糕了"。

·**隔离孤立** 通过隔离切断家人及他人对你的支持行为,而让你感觉到孤立无援,身边只有对方可以依靠。

常用的话术:"你不要相信某某某。他之前对你的伤害还不多吗?我这么做是在保护你。"这句话的含义就是他们都会伤害你，只有我不会，从而让你感觉到身边只有他可以依靠，而其他人全都不可信。

·**威胁** 通过莫须有的恐吓威胁，让你感到除了他之外的人都不可信。

·**责任转移** 将原本他自己该承担的责任，转嫁到你身上，让你认为一切问题都是因为自己不好，从而陷入反复自责里。

常见话术："我这样，是因为你也那样……"这句话的潜台词是，你应该否认你看到的一切，我说的才是对的。他让你签署他的免责条款，你应该为所有的问题和状况担负全责，而他免责。

·**强迫依赖** 这是一种逐渐深入洗脑的过程，目的是将对方最终塑造成一个完全服从于自己要求的身份。

常见话术："你很幸运，只有我才能忍受你，除了我之外，没有任何人可以接受你的这些缺点。"这句话是在暗示你是多么糟糕，从而让你相信，离开他，你就无法独自生存。当他说"你知不知道这样会让我很伤心的"，言外之意就是，只有他的感觉是第一位的，而你是不允许有任何行为和做法偏离它，你必须以他为中心活着。

3.PUA 受害者

容易遭受 PUA 的人，常常有以下的特征：

·善良，不愿意伤害他人。

·害怕冲突，从不攻击他人。

·容易自卑、自我怀疑和自责。

由于过于善良，不愿意伤害他人并且无法反击，因而被贬低和伤害的人越来越卑微。长此以往，这些特点在感情中会产生负面影响，会助长对方的气焰，因为他们认为对你进行精神控制和情绪宣泄不会受到任何惩罚。

更糟糕的是，那些进行 PUA 操控的人会对被操控者造成进一步伤害。被控制的人心中本就有创伤，受到负面批评后，他们会变得更加自我怀疑，反复进行自我指责和否定。一旦这些情绪被内化，连求助的欲望也会降低。因为他们会认为对方说的都对，一切的问题都是自己造成的，使他们变得更加依附对方，丧失活力。

即使被操控的人因为感到痛苦而需要向他人倾诉，他们仍然害怕分手，因为他们已经丧失了独自生存下去的自信心。

三、甩开分手的恐惧

当我们感觉到自己的感情里表现出过于卑微的姿态而境遇并没有得到改变，对方还变本加厉地实施更严苛的精神打压时，正是我们打破局面，逃脱控制，转变关系的时刻。

在恋爱的开始阶段，内心本就自卑的我们往往会用卑微的姿态来吸引对方，并期待能够建立一段美好的感情。一旦进入恋爱关系后，我们往往会继续保持这样的低姿态，为了维系感情而不断地放弃自我。这样做对我们的心理健康非常不利。而这可能是受到了对方情感控制的表现。

当我们已经变得卑微到极致，对方却毫无改变，我们就需要警惕是否已经陷入对方的精神控制中。有时候，恋人本身可能就存在不为人知的人格障碍，无法意识到自己的行为会对我们造成的伤害；有些人则会刻意为之，试图通过精神控制来获得自身的优越感和满足感。

无论是哪种情况，都需要我们认清现实，并勇敢面对。我们需要重新找回那个自信大方的自己，摆脱精神控制，找到真正属于自己的幸福。

在克服感情里的卑微情绪之前，我们先自查以下的迹象，看自己是否正在经历：

· 习惯性怀疑自己，缺乏自我判断力。
· 生活失去色彩，变得平淡荒芜。
· 感觉自己像一座孤岛，岛上只有对方和自己。
· 感觉自己完全变了个人。

当你意识到，现在的自己和过去的截然不同时，那么就有可能是这段不健康的关系让你失去了原来的自我。

1. 停止配合，打破现状

当你意识到自己遭遇了精神打压和控制之后，应该立即停止配合对方的操纵行为。这一步是最艰难的一步。你必须知道，正是因为你的卑微，满足了他的虚荣。如果你依旧愿意无条件配合，那么你将会陷入无尽的痛苦。

我们现在要做的就是打破这样的现状，反其道行之，从精神控制里逃脱出来。

2. 重新认识自己

找回自己。首先从小事开始，重新夺回掌握自己人生的权利。认为自己"无权评价自己"是精神关系里卑微者显著的特点之一。一旦意识到自己的一切应该由自己做主之后，我们需要重新赋予自己人生的决定权。当然，因为我们本身就存在自卑心理，最开始我们可能暂时无法剔除"我不行，我不够好"的心理。但我们可以尝试先从微小的事情开始。比如，我们可以自主地选择"早餐吃什么"，选择"穿什么出门"，并且拒绝恋人对你的决定说"不，你应该听我的"。

记得要为自己喝彩。每当自己成功地做出选择，并实现每一个决定时，我们都应该及时奖励和鼓励自己。在这个过程中，请不要再考虑对方的一切建议和恐吓。

找回自己的第二步，就是重新建立自己的第三方支持系统[①]。这样做的目的不完全是获得支持，建立勇气，而是让我们可以找回真实的自己。

3. 接受分手的可能

---

① 指亲密关系两人外的第三方，如朋友、家人、社会关系等。

想要克服感情里的卑微感，找回自信大方的自己，我们一定要能接受最坏结果的发生。

如果用尽了所有方法，也无法撼动伴侣疯狂的打压批判行为，并且亲密关系也没有得到改善，那么分手才是最好的结果。当然，分手并不是那么容易的事情，也许分手会让你感觉到自己的失败及无限的自责。我们千方百计地尝试改善关系，不愿意接受这段关系的失败，才是我们最大的失败。有些人可能会担心分手后这辈子再也没有其他人疼爱，还有一些人则担心失去经济收入等与生存相关的东西。这时候，无论我们存在任何顾虑，都必须坚决地打消这些念头。

要相信，没有谁离了谁活不下去。

请记住，独立和不怕失去才是感情里重夺自信的法宝。

第四节　谁的委屈在飞

一、缺乏共鸣，委屈毫无用处

"他根本不懂我。"

找我咨询情感困惑的人，总是这句开场白。来做心理咨询的人，没有人会感到不委屈。

1. 认识委屈

委屈是幸福感的敌人，是内心被抑制住的苦闷在灼心。委屈是指个体因为受到不好的对待而感觉苦闷，憋在心里的苦闷又不能发泄，感到难受不舒服的一种状态。委屈源于不被看到，不被读懂，或者是行为动机被他人曲解。

委屈是一种很内在的情绪，是崇尚心领神会的人常常会有的感受。受委屈的人，不习惯将对别人的喜爱或者不满意用直白的语言表达出来，而更愿意用暗示的表达方式进行沟通，并期待别人能够"看懂"自己的内心。

委屈并非单一的情绪，委屈里蕴含了多种复杂的感受。

委屈的情绪是自身期待和外界实际产生落差的心态体现。委屈是非常主观和自我的感受，他人的反应是形成委屈的来源，而个人内心的需求和期待值是委屈强弱的中介。

2. 委屈的原因

·感觉不被理解。一个人自认为所做的事情没有错，甚至是合理的，却被指出了不足，这时他就会产生"为什么连你都不理解我"的委屈感。

·绝对化的思维。一个人自认为自己做得足够好，以至于会有"应该得到理解和赞扬"这样绝对化的想法。实际上，每个人的标准不同，对于好坏的标准也是有偏差的。期望越大，失望就越大，因此他会觉得很委屈。

· 与期待不相符。比如，一个人做了一件很困难的事情，很渴望得到恋人的肯定和赞扬，结果恋人却说："这事有什么难的，换作我，也能做到。"这时他就会感到很委屈，觉得自己那么努力却没有得到内心希望的认可。

委屈是一种让人感到非常别扭的感受。因为在意对方的感受而压抑不敢直接挑明，你会感到委屈；终于说出口，自己却被误解，你又会感到很委屈。

委屈，在亲密关系里是一种会传染的情绪。

3. 委屈会加深痛苦

有时委屈是想说却不敢说出口的。"我不和你说了。"这句话总是在心里回荡。我明白自己的委屈需要得到诉说，但我却不敢向恋人倾诉。

如果能够用表情来表达，恋人也许还能看得到你的委屈。如果既不说也不表达委屈，那么恋人会觉得你高估了他的感知力。

无法诉说的委屈会造成你内心的强烈痛苦，委屈感越深，痛苦感也就随之越强。而积累的委屈情绪越来越多，并且无法得到表达和排解的时候，还会产生更多的次生情绪，如沮丧、抑郁、无力、无助、绝望、失落等。

4. 倾盆而出的委屈会破坏关系

在亲密关系里，委屈是一种比直接的抱怨更加柔软的刀子。

当你在向恋人诉说自己心里的委屈时，恋人通常会有如下反应：首先是不知所措，不能理解你为什么会委屈。随即恋人也会感到自己很委屈，因为他不明白自己做错了什么。在两个人的关系里，一方总是很害怕另一方向自己表达委屈，因为那可能意味着自己无论是否有理，都不能辩解。

你的委屈还会让恋人想逃。

二、消灭无用的委屈

对于缺乏共鸣的情感，委屈毫无用处。

当我们感到委屈时，是感觉自己的感受不被理解：绝对化的认知没有实现、实际与期待存在偏差。我们委屈是希望别人能读懂我们的需要。

但是，世界上并没有真正的感同身受。每个人都是独立的个体，有着不同的经历和感受。我们无法完全理解别人的情感和需要，也不能强求别人完全理解我们，并且必须满足我们的需要。

当委屈来袭，切忌婉转，直接表达需求是最好的沟通方式。
另外，以下这些方法，也可以帮助我们避免产生委屈感。

1. 放下"爱我就应懂我"的执念

"需要懂你的他，也需要你的理解。"我们不能因为自己个人的需要，就希望对方无条件地迁就我们。这个世界不存在完美的恋人，因此不要有理所当然的审判心态："爱我，就应该按我要求来""爱我，就应该理解我的情绪""爱我，就应该为我改变"，否则就是他不够爱。但事实上，我们也做不到全身心地爱他。我们不能期待恋人是完美的，他们也有自己的生活和习惯，有自己的优点和缺点。我们需要学会尊重对方的选择和决定。每个人都有自己的生活方式和价值观，我们不能强迫他们按照我们的想法去生活。

2. 扔掉"应该最爱我"的高要求

不要期待对方爱你胜过爱他自己。在恋爱关系中，我们往往期待对方爱我们胜过爱他自己，但是这种期待过于不切实际。我们怀抱"他应该最爱我"的心态，对他来讲，也是不公平的。每个人都有自己的情感倾向和亲情依赖，这是我们作为人类的基本特性，无法改变。因此，我们应该以一种理解与接受的态度，来面对伴侣更爱他自己的事实。

3. 寻找新的同频关系

还有一种方式可以帮助你诉说委屈，从"不被恋人理解"的委屈情绪中走出来。那就是找到另外一个值得信任并且能够完全理解你的人，这个人可以是你的知己朋友，可以是你的亲人，也可以是心理咨询师或其他专业人士。

我们需要明白，爱情不是一切。我们不能因为爱情而忽视了自己还有工作和生活的情况。我们要有自己的生活和朋友，有自己的兴趣爱好和追求，这样我们才能在爱情中保持自我，不会因为过于依赖对方而失去自我。当你找到这个新的"同频者"后，与他进行真诚而坦率的交流，告诉他你内心深处的不解，把所有的委屈都说出来。在与同频者的交流中，你可以得到更多的支持和理解，找到自己情绪的出路。

4. 不要让心爱的人流泪

看到心爱的人受委屈是一种难以言表的痛苦。当你目睹心爱的人不停地流泪，你能感受到他的痛苦，但有时候，你很难理解他究竟为什么流泪。

面对感情里的委屈，即便无法理解，我们也不应该回避。也许恋人委屈是由于沟通不畅、误解或者是感觉被忽视等产生的；也许是自己态度冷漠造成的。无论是什么原因造成的，我们都应该耐心倾听对方的委屈，表示自己的关心和爱意，让恋人感受到我们的诚意和努力，进而帮助恋人化解委屈。

尽力减少恋人受委屈的同时，自己也不应当承受委屈。

面对感情里的委屈，切忌逃避问题，忽视应对。

第五节　太敏感会不安

一、恋爱困难族群

在感情中，你是否容易过度敏感：

常因爱人眼中的小事深受打击；

爱人随口的言行，都会在内心泛起波澜；

担心给爱人添麻烦，心事都自己扛；

过度自省，凡事先找自己的原因；

情绪容易被他人影响；

内心总是有说不清道不明的疑虑；

对大量的信息全盘接收而又不自觉排斥；

……

心理学上存在一个"自我价值保护原则"的概念，这是一种为了防止自身想法被否定而产生的排斥反应。简单来说，就是为了维护好自己的底线不被侵犯，我们会本能地对抗。盲目较劲和"内耗"，就是自我价值保护原则在作祟。

容易敏感的人，其安全感流失速度比一般人更快，因此"自我价值保护"的标准也会比普通人更高。

1. 敏感人群的复杂情绪都有什么？

敏感型人群之所以习惯性地进行防御，主要是因为他们快速地吸收情绪，又对情绪适应不良。他们感受力惊人，总是倾向于感性地看待事物，缺少理性的一面。

敏感人群的内心具备很多厚重的情绪内容。

· **怀疑** 怀疑是人类最原始的情绪之一，是一种藏在内心最底层的情绪。"怀疑"从字面上来理解，就是一个人心中存在疑惑。怀疑并非完全彻底的不相信或者不信任，而是一种不能确定能否相信的"心被悬着"的状态。怀疑的情绪包含着不安。当我们搞不清楚别人的想法或者不确定形势走向会如何，就会感到怀疑。一旦出现怀疑情绪，我们的内心就会自然而然地开启求证模式。

人心过于复杂，因此我们会对他人产生疑惑是很正常的现象。

怀疑是每个人都有的情绪。但对于高敏感的人来说，怀疑的情绪会出现得更为频繁。频繁的怀疑，将对亲密关系造成严重的伤害，也会对遭受怀疑的伴侣形成心理冲击，甚至伴侣也会产生自我怀疑。

· **惊恐** 惊恐包含受到惊吓以及恐慌的感受。惊恐是人在发现发生了意料之外的事情时的情绪应激反应，是整体上偏消极的一种情绪。这是因为每个人都希望一切尽在掌握和预料之中，但往往世界是无常的，他人也是无法为我们所预料和控制的。惊恐是一种被突发事件迅速激活的不安和忐忑。

情绪敏感的人群，很容易感到惊恐。惊恐是一种被放大了的情绪。在亲密关系里，情绪敏感的人，常常在与伴侣的交流过程中感到惊恐，有时候伴侣奇怪的行为也会让自己受到惊吓。

内心存在的不安感越多，受到惊吓的概率越高。在亲密关系里，高敏感人容易将伴侣的一个无心之举或者一句无关痛痒的话，进行内心自以为是的解读。有时是对伴侣的不信任导致，有时是对自己的不信任导致，更多的是由于过去因他人而遭受的创伤还未得到修复，而将内心的不安投射到现在伴侣的身上。

· **焦虑和抑郁** 焦虑和抑郁一直都是人类最普遍的情绪。与工作、社会以及其他人际关系的压力因素所产生的焦虑情绪不同，亲密关系里的焦虑感大多是由内心的不确定及不安感导致，这些不确定与不安，有可能与过往的情感创伤经历有关，也有可能与你对伴侣的依赖程度有关。习惯性悲观是敏感人群在恋爱关系中的常态，因此，过度敏感的人极其容易在感情里释放悲观抑郁的情绪，面对问题时，他们总认为一切都是"自己的问题"，甚至习惯性认定伴侣的无心评价是在"否定自己"。

2. 高敏感人格行为特点

你是不是经常会被评价为是一个"思想深刻""想法多"的人呢？你的感受力强，对待事物的看法总是偏向感性，更容易对事物有情绪化的反应。普通人的情绪稳定，是指大部分人的情绪会在一个合理的波频范围内进行流动。而高敏感人的情绪稳定范围，相对普通人的更大。敏感型人格更喜欢在深层次掌握事物的本质，对一切事物都有敏锐快速的直觉，会进行反复深刻的思考以寻找问题的答案。

高敏感人格是一种天赋，尤其在职业发展、自我成长方面。但是在恋爱关系里，如果一个人依旧保持高度敏感，很容易出现不利局面。

高敏感者的行为特点：

· **对伴侣要求更高** 高敏感者由于很难处理和控制好内心丰富的情感，很容易较真。因此高敏感人群是恋爱困难症的高发人群。高敏感者对于他人的情绪感知以及外界环境的刺激反应更强烈，因此高敏感者的伴侣需要具备较强的消化情绪的能力。

· **非常谨慎** 高敏感者也会因为害怕做出错误或不好的决定而"内耗"。即使他们已经有了一个想法，仍然会不由自主地去考虑各种可能的情况，控制不住去想"如果"，然后会再一次比常人需要更长时间去做决定。涉及任何抉择，他们都会对做决定感到吃力，因为他们会被所有不确定的可能性吞没。

· **细节控** 高敏感者是细节控，能够比常人更敏锐地察觉到周围环境和人们的微妙变化，如注意到恋人的口红颜色或者鞋袜上的灰尘。高敏感者本身就有细致观察的习惯，身边每个细微的细节都会对他们产生巨大的影响。

· **懂得尊重人** 高敏感者会关注他人的需求，并尽量确保自己的行为不会给他人带来不便。例如，在超市购物时，他们一定会将不需要的商品放回原位。在图书馆或咖啡厅,高敏感者会尽量保持安静,或小声谨慎地说话,以免影响他人。一旦感觉到自己给他人带来了麻烦,他们会十分不安。

敏感人格与内向人格一样,是一种生理特征和个性特点,而非缺陷。若高敏感的你,同时还是内向性格,那你就是"内向型高敏感人格"。拥有这样性格和人格的你,人生一定过得比他人辛苦,当然也比其他类型人群对这个世界的感受和领悟更多、更细腻。

二、恋爱救护指南

敏感人格人群是恋爱困难族群,因为他们心思太活跃了。由于敏感型人格的人通常倾向于"非正面"思考,而恰恰是这种非正面思考容易造成误解。在恋爱关系中,这种敏感状态往往会影响彼此的沟通和信任,甚至会导致恋爱关系的破裂。

对于高敏感者来说,恋爱时,他们常会把伴侣简单的行为过度思考:"他这么说,是不是不爱我了""她这么做,是我刚才那句话让她生气了吗""你这么说,是不是试图想改变我的看法"……

在亲密关系里,面对因"高敏感"个性带来的麻烦,我们可以尝试以下做法来缓和矛盾和尴尬。

1. 假如你是高敏感者

· **直球式发言** 直球式发言,就是直接干脆地表达看法,不要拐弯抹角,支支吾吾。

练习直球式发言,能够帮助我们改善沟通障碍、降低误解风险。

高敏感者常常过度思考和猜测伴侣的想法和态度,从而导致不必要的焦虑和猜忌。直球式的表达并不像传统的情感表达那么婉约和含蓄,而是直接坦诚。我们可以直接告诉伴侣我们的真实想法,让对方更好地理解我们的需求和感受，而不是闪烁其词或者拐弯抹角。直球式发言能够有效地减少误解和猜测的情况。

· **袒露自我** 主动袒露心声，向伴侣剖析自己的看法。

高敏感者通常比较内向和谨慎，容易隐藏自己的想法，不愿意向他人展示自己的弱点和不安。但是，在亲密关系中，袒露自我是非常重要的。我们应该勇敢展示自己的脆弱和真实，与对方分享内心的矛盾和困惑。勇敢地袒露自我，可以增进双方的理解和信任，也能够为关系的深入发展奠定基础。

· **情绪自愈** 恋爱关系里的焦虑和不安，只能自愈。

有时候，我们真诚地向伴侣表达了内心的感受，未必就能得到完全的理解。有时候，即便伴侣表达了自己的看法，我们内心仍旧感到不安。这些情况下，高敏感者一定要学会独立处理自己的情绪和压力，寻找除伴侣之外，可以给予支持的力量，或者寻找更适合自己的方式来调节情绪以恢复内心平静。只有当我们能够独立面对自己的情绪，清楚情绪的由来，我们才能更好地与他人建立亲密关系。

2. 假如你的恋人是高敏感者

· **给足安全感** 沟通是感情交流的核心，可以让双方更好地理解和信任对方。由于高敏感者比较容易受到外部环境和他人影响，因此需要比普通人更多的交流。伴侣应该积极倾听他们的想法和感受，尊重他们的需求，建立起良好的沟通渠道。

· **创造稳定环境** 高敏感者比较容易受到外界环境的影响，因此，在生活中高敏感者需要一个相对稳定、安全和可靠的环境。作为伴侣，我们要创造一个舒适且稳定的生活环境，让他们更有安全感，从而更好地面对生活中的挑战和压力。

· **尊重恋人的感受** 高敏感者通常对他人的评价和态度非常敏感，他们需要得到伴侣的尊重和理解。因此，在与高敏感者交往时，我们要尊重他们的感受，避免伤害他们的情感，从而让他们感到安全和被接纳。

· **理解恋人想太多** 接受他们的思考方式。高敏感者的思考方式通常比较深入和细致,他们会比其他人更容易注意到细节和潜在的意义。作为伴侣,我们要接受他们的思考方式,理解他们的想法和担忧,给予他们足够的支持和理解。

· **主动建立沟通** 定期安排时间进行沟通,了解和关注他们的情绪感受是非常必要的。在与高敏感者交往时,我们要时刻关注他们的情绪变化,及时给予安慰和鼓励。当他们遇到挫折或者困难时,我们要及时站在他们的角度,给予理解和支持。

· **充分的独处空间** 在与高敏感者交往时,我们要给予他们足够的信任和自主权,让他们感到被尊重和被信任。

· **制造浪漫** 高敏感者比较喜欢小而精致的礼物,我们可以送一束花、一颗巧克力或一张明信片等,或者安排一次浪漫的约会,或者去一家特别的餐厅或是看一场浪漫的电影,让他们感到被重视和被关心。高敏感者通常比较喜欢文字和表达,也可以通过给他们写一封特别的情书或留言,表达对他们的爱和关心。

第六节　信任力：坐稳亲密关系这辆过山车

> 信任力，即无条件相信对方，并接纳对方情绪的能力。

在亲密关系中，相互信任的力量是相当强大的。因为这种信任可以让双方都卸下心防，真正地表露自己的内心世界，进而更好地理解和支持对方。在互相信任的基础上，两个人可以彼此倾诉自己的想法和感受，共同探讨问题，并努力创造更美好的未来。这种相互信任和支持，有助于加深两个人的感情，从而建立更为稳定和持久的亲密关系。

恋爱是一件美好的事情，但绝对不是一个人的独角戏，双向奔赴的感情才有意义。亲密关系，是彼此信任、互相成就，而不是互相猜疑、互相迁就。

一、信任力的重要作用

当两个独立的个体结成了亲密的连理，就恍若共同搭乘游乐场里的过山车一般。过山车缓缓启动，独属两人的亲密旅程由此展开。在这段旅途中，有幸福有欢笑，有包容有平静，也有误解争吵，就好像过山车要行经一座座的高山低谷一般。

充满信任的双方，在遇到误解和争吵时，彼此依旧能够互相包容和理解，最后化解矛盾。缺乏信任的双方，则容易在争执中，双双失去情绪控制力，引发难以挽回的战争。

信任力，是解决关系中矛盾和冲突的最坚实的基本条件。在此之上，我们再运用各种情绪调节手段以避免心理健康问题。拥有良好信任力的关系，会相信对方不会伤害自己，也会相信自己的负面情绪并非完全与恋人有关，双方会及时自省，也会在恋人情绪失控时，第一时间送上体谅和拥抱。因为我们互相信任，所以我们可以共同度过这段美好的旅程。

信任力对亲密关系的重要作用

亲密关系中的信任是建立在相互尊重和理解的基础上的，它是巩固和维护恋爱关系的重要因素。因此，一段能够"彼此尊重，互相理解"的亲密关系就已经具备了信任力这个基础。

·**自我内核稳定** 拥有信任力意味着彼此的自我内核都很稳定，不会轻易受到外界的干扰和诱惑，也不会因为恋爱关系中的负面情绪而产生过度的反应。一个拥有信任力的人，通常具备自我管理和情绪调节能力，不会将自己的情绪带入恋爱关系中，从而影响关系的稳定和发展。比如，当一个人的伴侣因为工作繁忙而疏忽了对方时，一个内核稳定的人不会因此不安和生气，而是会理解对方的处境，并给予支持和鼓励。在一段双方家世背景和经济事业均有差距的亲密关系里，不管外界多么不看好，内核稳定的两人，不会受此影响，他们能够彼此信任和平等看待两人的某些差距。

·**绝不患得患失** 在一段恋爱关系里，能够拥有信任力的人，也拥有着更加健康的心态。他们不仅能够坦然地接受关系里跌宕起伏的状况，也能自如地将各种小情绪调整到位，绝对不会陷入患得患失的情绪。比如，你会无条件地信任对方不会离开你，就算你感知到对方"没有那么爱你"，你也能坦然直接地寻求挽回的可能，并且不惧怕最坏情况的出现。你会在对方所赋予的满满情绪价值里，感到更为放松和自信。对方的取悦和讨好，在你眼里是爱的象征，你会适时地给予回馈，表达爱意。充分信任对方，坦然接受并支持对方的行动，这才是一段健康的关系。

·**尊重理解对方** 拥有信任力的人通常具有开放、理性的思维方式，他们不会基于自己的偏见和想象来评判对方。在恋爱关系中，尊重和理解对方是非常重要的，这可以让关系更加和谐稳定。我在自己的感情中，也在体验着诸如"互相尊重，彼此理解，充满信任力"的关系带来的愉悦感受。在这段关系中，我们其实存在很多不一致，但能够走到现在，甚至还有更远的未来，尊重、理解以及信任起到了重要的作用。举个例子，我是个早起党，他是个夜猫子。我认为早起更积极，更充满能量，他认为早起会让他更加痛苦，只有在夜里他才能够闪闪发光。虽然如此不同，但我们从来没有觉得有什么不妥，也没有试图改变对方的习惯。我会在每个需要早起的日子里，蹑手蹑脚地给自己做一份早餐，并给他准备一份午餐；而他也会在需要熬夜的每个夜晚，关上所有灯光，戴上耳机，确保有安静的环境可以帮助我入睡。我们也从不会因为彼此的需求不同而大吵大闹，他的事业心很强，而我更注重生活品质。于是我能够理解他"以工作为主"的阶段目标，而他也从不否定我"享受生活"的心态。直至现在，他依旧会说："赚钱的事情就交给我吧，你只要负责好你自己的人生就好。"

· **关系不易破碎** 拥有信任力，可以建立更稳定牢固的关系。信任力使双方对待任何事情都计划缜密、目的明确，同时也会给予各自足够的空间和自由。比如，当你对恋人的某些行为感到怀疑时，你会选择与对方沟通，表达自己的疑虑和关切，而不是采取过激的措施，如通过频繁地打电话、发短信等方式来监视或控制对方。也只有在信任关系非常牢固的情况下，才能肆无忌惮地向对方表达严厉的要求，而不担心对方会承受不住导致关系崩塌。对于一段即将步入婚姻的亲密关系，无论女方的父母提出多么苛刻的条件，男方都能够尽量满足，而无论男方的母亲是个多么霸道强势的人，女方也不会因此退缩。这是因为男女双方都有着明确的目标——"一起相伴到老"，牢固的信念——"感情只是两人的事情"。尽管在通向美好预期的道路上，一定会出现很多阻碍和麻烦，但两人能够携手面对，共同努力，清除可能动摇关系的障碍。

二、培养信任力的关键

缺乏信任力的关系往往面临矛盾和冲突。在信任力减弱的前提下，仅仅调节自己的情绪，不仅对修补亲密关系的裂痕无效，甚至还会让伤害进一步加剧。这时候，我们需要暂时放下自己的情绪和压力，将解决冲突的焦点转移到修复信任力。

1. 独立灵魂间的爱情更紧密

在漫长又琐碎的年华里，两个独立的灵魂相爱，这是比拥抱、依赖更浪漫的事情。独立的灵魂之间，没有互相索取，没有互相强迫，也不存在互相消耗，有的只是自给自足，理解接纳和添砖加瓦。充分的信赖关系让两个独立的个体结合在一起，彼此滋养，共同生长。这就是培养信任力的第一种方式，先拥有一个完整且独立的自我。

拥有一个完整且独立的人格，意味着在恋爱生活之余，工作下班之后，我们需要积极地探索更多的兴趣和爱好，发展提升自己的知识文化和技能水平。情侣之间也可以尝试培养一些共同的兴趣爱好，拉近距离，避免无话可说的窘境。通过积极发展自己的技能、知识和兴趣爱好，我们可以增加自信心并提升自身价值。

一方过度依赖且缺乏独立灵魂的关系，并不一定是健康的，有时候反而会走向失败。在这种依赖型的相处模式里，安全感和信任力会慢慢消失，这时候依赖者需要做的就是让自己变好，成为一个独立且更加坚强的自己。

2. 多说真心话

坦露自我，是培养信任力的另一种方式。亲密关系不同于需要保持一定边界的社会关系。亲密关系里的双方，本就应更为真实和坦诚。猜忌怀疑、隐藏真实想法，这样的沟通交流，只会让你们的关系渐行渐远。多说说"真心话"吧！常常表达真实的想法，直接向恋人说明自己的疑虑，给自己的情绪寻找一个值得信任的出口，也为问题寻求一个诚恳的解答。

勇于表达自己的内心世界，分享自己的喜怒哀乐，对恋人敞开心扉。通过与伴侣分享个人经历和感受，不仅可以体现我们对他们的尊重和信任，也为建立更深层次的情感联系铺平了道路。假设你纠结于某个选择，你可以选择一个适当的时机,与恋人坦诚交流,告诉他你的担忧和困惑。这种自我袒露不仅可以增进彼此之间的理解和共识,还有助于建立更加稳固的信任关系。

3. 给予个人空间

给予对方一定的空间也是培养信任力的方法。每个人都需要一定的私人时间和独立性。当我们能够尊重对方的个人空间时,我们也就认同了彼此人格的自主和独立。举个例子,他提出放长假时去海边冲浪,邀你共同前往,而你兴趣不大,只想宅家睡觉。并不太喜欢独自旅行的他,虽然有点不开心,但也能够理解你的辛苦,尊重你的想法,并没有勉强。冲浪之旅开始之前,他把自己的旅行计划一一告知了你,并明确表示即便分开,你们也要保持联系。这一趟独自旅行之后,由于双方都得到了对方的尊重和理解,两人的关系反而比以往天天黏在一起的时候更为稳固了。这就是个人空间的重要性和信任的强大力量。

4. 照顾彼此的小情绪

互相信任的前提是愿意照顾彼此的小情绪。在恋爱中,互相赋予情绪价值是非常重要的事情。一个能够照顾你的情绪并有能力安抚你的人是值得信赖和依靠的。作为感受型生物,情绪对我们的内心和行为有着重要的影响。用温柔的情绪来支持对方,可以拉近彼此的心灵,使彼此成为对方的避风港。被人照顾情绪是一种令人感动的经历。当你宠着我的小情绪时,我也心疼你的不容易。我们相互支持和鼓励,用最柔软的方式化解彼此的小情绪。这种关系可以不断强化能量场,给人以温情和治愈,使我们的关系更加舒适和持久。

信任力维持好一段健康关系的力量。

愿我们都能拥有信任力,坐稳亲密关系这辆过山车,共同感受途经的美丽。

第五章

那些意难平，时间会摆平

"意难平"是不甘心于未得志，无法释怀于曾经。"意难平"本由古诗词歌赋而来，现被广泛传播成一种沉溺于逝去时光的哀伤感受，成为网络中大家抒发遗憾情绪的热梗。

那些难忘的"意难平"是每个人生命中不可分割的一部分，塑造了现在的我们，影响着我们的思想、行为和决策。无论我们是否愿意接受，过去的经历都是我们成长的一部分，也是塑造现在自我的重要因素。

第一节　失败的艺术

一、失败是一种艺术

"我是一个失败的妻子、母亲、女人、商人，我不想失败，也不会忘记失败，因为失败的过去是滋养我现在工作的东西。"著名法国女艺术家路易丝·布尔乔亚曾说。路易丝的作品以其独特的表现形式和对女性主题的关注而著称。路易丝认为，作为女性，她扮演着多种角色，如妻子、母亲和商人等。同时，她也是一位大器晚成的艺术家。她不能原谅一生总在失败的自己，但她坦然地接受那些失败的经历，因为是失败的故事造就了她的艺术作品。

失败是艺术的开端，也是心理成熟的标志。如果以失败的早晚时间来界定"心理成熟期"，我算是一个比较晚熟的人，不久前，才初次品尝了失败的真实滋味。失败原来是从虚实交替中解脱，看皮囊是骨，看树木是尘灰，心灰意冷的味道。对我来说，接受失败的决定，只是分岔路口的抉择而已，无关对错。放弃追求成功，甘愿选择失败并非那么容易，这需要经历漫长的心理斗争。

没失败之前，我一直对失败存在误解。我时常为某些"理想化标准和他人的需求标准"所裹挟，只要在某些方面低于他们的标准，我就会被定义为失败者。很长一段时间内，我身上贴着他人眼中的"loser"标签，只是因为我没有挤入高收入人群，没有豪宅豪车，没有在应该结婚的年纪选择进入婚姻。而我身上那份独自在陌生城市打拼的勇气，只是他人眼里的笑话，并不值得被看到。

除了自己接受的失败，我们的大多数失败来自他人强贴的标签，并不是事实的失败。

优秀和成功是人类最基本的追求，尤其是不甘愿一直停留在落后者队伍里的人，他们力争挤进"领先队伍"，对于"避免产生失败感"这件事更为执着。

1. 失败后的情绪活动

失败包含的情绪活动，都与丧失有关，最主要的有失落、失望和挫败这三种情绪。

· **失落** 从字面来理解，失落是由于失去了重要的东西而心情落到谷底的一种感受。失落的一个重要核心是低沉下坠的情绪，就好像心沉入海底。当我们在现实中遭遇失败时，很容易产生失落。如果是因为某些小事而导致的失落，那么这种感受并不会很强烈，而且很容易消失。如果是在比较重要的事情上没有达到理想的成绩，那么这种失落可能会很难平复。因为没有达到理想成绩而失落的感受，虽然并不是一种很激烈的情感，它甚至可能在我们的日常生活里若有若无，但它将会持续多年萦绕在心头。

· **失望** 没有达成希望就是失望。当我们做一件事情最终的结果与原本的期望相比，存在一定的差距，产生心里不舒适与不愉快的感受就是失望的感觉。失望的程度通常与预设的期待值有关。失望的情绪蔓延开来，对我们自己是很大的打击和否定。失望也包含了求而不得的心态。

· **挫败** 挫败感包含挫折和失败两种感受。挫折感是一种人们在追求目标或完成任务时遇到阻碍而产生的心理感受，这种感受会让人感到失落、沮丧、失望等。例如，考试中没有取得好成绩，或者在工作中犯了一些错误，这些情况都可能导致挫折感产生。在挫折的基础上再补上一句自我否定的评价，如"我太糟糕了"，那么这种感觉就被称为挫败感。这种自我评价通常是一种对自己能力和价值的否定，会让人感到更加沮丧和失望。但是，挫败感并不意味着一个人已经认定自己真的失败了。它可能只是一种短暂的情绪体验，我们可以通过调整心态，重新审视自己的目标和策略等方式来克服。

2. 失败的界定源自不同的维度

·**时间的纬度** 历史上有许多人，因为选择与当时的社会期望不同，而被视为失败者，但勇敢打破规则的他们却成功地将人类文明带往更为正确的道路。近年来，让我感触颇深的，就是"话语权力倾斜"的现象，如今的女性拥有比过去更多的发声权和自主权，而在遥远的年代，所有的女性是不允许存在"独立意识"的，女性只是满足男性需求的依附者。如果有谁违反，谁就是"不守女德"，是理应被唾骂的"失败者"。回顾更远的年代，古希腊哲学家苏格拉底的思想和行为在当时被视为异端，最终他被判处死刑。然而，他的思想却成为如今西方哲学的基石，他的死亡也成了人类思想自由的象征。再如，美国的民权领袖马丁·路德·金在争取平等权利的过程中遭遇了许多困难和挫折，甚至付出了生命的代价。然而，他的努力却推动了美国的民权运动，他的名字成为正义和勇气的象征。

·**别人的眼光** 每个人都有自己的价值观和标准，每个人对成功和失败的定义也不同。有人认为，只有达到社会的期望，如拥有金钱、地位、房子、车子，再加上美满的婚姻和幸福的家庭，才能算是成功；也有人认为，只有找到自己感兴趣的生活方式，做自己喜欢的事情，才能算是成功；还有人认为，事业、家庭、个人生活缺一不可，即便能够在单项取得成功但缺失任何一种体验，都算是彻底的失败。他人总会用自己的标准去衡量别人的成功或失败，面对来自他人的负面评价，有时候也很难辨清究竟自己是否那么糟糕。定义成功标准的差异使每个人对失败标准的定义也不同。

·**担当的角色** 我们所担当的角色也是我们解读失败的一个重要视角。在生活中，我们扮演着不同的角色，而这些角色也决定了我们对失败的态度。身为母亲时，你可能会认为，把孩子培养成为超一流科学家，才是成功的，否则就很失败；而作为一个女性职业画家，你可能会认为，创作出诸多影响社会、富有深度的作品，在事业上才算成功。正因为每个人所担当的社会角色并非固定不变，我们才能在不同的角色之间转换，并在这样的转换中寻找自己的价值和意义。比如，美国的女性主义者弗吉尼亚·伍尔夫，她在家庭和社会中担任了多个角色，包括妻子、母亲、作家等。她在每一个角色中都寻找到了自己的价值和意义，也因此成了一位成功的女性。

"失败"这个词在我们的生活中频频出现，它像一面镜子，映照出我们的喜怒哀乐，也映照出我们的坚韧与脆弱。然而，失败因角度不同而标准不同。

如果去除标准，在规则之外，我们所体会到的"失败"，其实是完全不存在的。

二、失败并非成功之母

"可以开导开导我吗？这个坎我就过不去了，满脑子都是悔恨和挫败。""我也有过不去的坎，不如咱们来比比谁更惨。"

近几年，网络上出现了各种形式的"比惨"声潮，如"双非硕士感到没有尊严。今天入职国企设计院工作，工资只有3000？！""双一流硕士，毕业半年没工作。我比你还惨。"

"我面试心仪的工作失败了，我真没用，还有比我更惨的吗？""投出去的简历石沉大海，求职三个月，到现在都没有获得一个面试机会，我应该比你更惨吧？"

"我创业失败了，负债百万，妻子也和我离婚了，我甚至都交不起孩子的学费，我不知道该如何走下去。谁能来帮帮我？"

失败并不是成功之母

太多的打击，容易让人感到气馁。我们必须认识到，"比比谁更失败"的"比惨"趋势会让我们的受挫心态更加消极。过分强调个人的失败和错误可能会使人们感到更为自卑和沮丧，对成功会倾向于畏惧和逃避，从而完全放弃追求自己的目标和梦想，失去行动力。

我遇到过太多的人，前半生总是顺风顺水，优异的成绩、成功的事业，生活也一直过得不错。但是突然有一天，可能因为健康问题或者是遭遇了一个痛彻心扉的打击，现实以他们从未想到过的方式，扇了你一个耳光，严重影响了你的精神世界。他们变得郁郁寡欢，什么都不想做，连站都站不起来，只想躺着。失败的心态和崩塌的精神世界，使你再也无法完全握紧任何梦想。让一个心灵残缺的人像正常人一样行走，这本身就是强人所难。

在经过很长时间的自我调整之后，也许我们可以从勉强躺着变成坐着，甚至可以偶尔走一走了。我们已经可以想开了很多事，但是由于精力的损耗，整个人的状态也已经大不如前。我们拼命想恢复到以前的状态，但一次又一次地放弃了。于是，我们整天痛恨自己为什么无法再振作。长期持续很糟糕的状态，再加上原本遭受的挫折，已经严重得让你自己感到挫败并丧失信心，内心绝望得无法抬头。看着别人越来越好，而自己依旧一事无成，甚至倒退，似乎再也无法做回那个斗志昂扬的自己。

我所遭受的失败不多，难忘的失败比较少，因为我一般不会把很多"小小挫折"放在心里。

失败需要被接受，但我们不可以习惯失败。

任何人很难避免失败。然而，如果失败太多，我们就可能会陷入自我怀疑和自我否定的恶性循环，从而无法振作起来。

失败并非成功之母，失败太多，成功会离我们越来越远！

三、做最坏的打算，乐于分享失败

避免卷入"比惨"心态的正确方式，除了勇敢承认我们的失败外，还应认识到，失败是让我们总结经验、避免再次踩空的一种教训。通过失败我们得到的是：更接近成功。一个失败代表一个成功的暗示，当暗示够多了，成功才能越发清晰。

1. 分享失败，而不是互相比惨

"因为我淋过雨，所以想为你撑伞。"分享失败是为勇敢地去面对失败，复盘失败的原因，以便他人"避坑"，而不是习惯性地做个失败的人，让大家共同陷入"比惨"的圈子里。从失败中吸取教训，找到自己的问题所在，然后努力去改进。只有这样，我们才能够在失败中找到成功的机会。

和"比惨"风行相对应的是，在社交媒体上也有"失败阵线联盟"这样的存在，如"表白失败小组""烫头失败小组""旅游失败小组""厨艺失败小组"等，通过分享失败的小故事，了解各自失败的原因，大家彼此鼓励，抱团取暖，一方面警示自己，另一方面提醒他人，共同避免失败再度发生。在一个关于"一人一条失败的人生经验"热帖里，我看到了这样的一段话："我觉得成功的经验，并不一定适用于每一个人，因为有些人的成功因素是另一些人不容易获得的。而他人失败的经验，却可以让我们每个人都少走些弯路。"

通过在社交媒体上分享自己失败的故事，人们不仅可以获得他人的理解和支持，还能够从中汲取一些宝贵的教训和经验。

要做到专注"经验的分享"而不是"比较失败程度"，重要的是，我们要记住每个人都是独一无二的，成功与失败并不能定义我们的全部价值。

2. 将失败看成生活的艺术

法国女艺术家路易丝的人生经历，使她成为艺术家。很多富有创造力的艺术作品也是由失败而来。当我们遇到失败时，抓住失败给我们带来的源源不断的灵感和创造力吧！让失败成为我们生活艺术的源泉。

我们来看看余秀华的故事。著名的诗人余秀华，出生时不幸因为脑瘫失去正常的行动能力和说话能力。因为天生残疾，她的丈夫对她并不好。脑瘫、高中辍学、婚姻不幸……她的身体上存在着太多"出生就注定失败"的印记。残缺的自我，让她极其渴望被爱。她将内心的渴望转化成创作力，随着《穿过大半个中国去睡你》的发表，她一夜成名。这首诗大胆而直白地表达了她的感情和欲望,以及生命的痛苦和坚韧。余秀华的过去,失败、磨难和挑战没有一件落下过。虽然那些失败让她活得似乎没那么"体面",但这些失败并没有击倒她,反而成了她创作的动力和源泉。

正如余秀华一样,我们也可以从失败中汲取灵感和经验,对自己说声"没什么大不了的""下次不能再这样了"。

正确看待失败,寻找另一种成功的价值吧!将挫折磨难当成人生体验,挖掘和创造出更独特的个人成就和价值。

3. 做好失败的打算

做好失败的打算,才不会被失败困住。被失败情绪困住、不能行动的人,是因为他们没有做好会面临挫折的心理建设,他们极其害怕失败,害怕承受失败造成的后果以及痛苦的压力。他们害怕失败,所以他们会尽量避免一切可能失败的事情。然而,这种习惯是非常危险的。因为如果我们总是害怕失败,那么我们就永远都不会有机会去尝试新的事物,去挑战自己的极限。我们会变得缺乏活力,我们的生活将会变得越来越平淡无味,我们将会失去对生活的热情和激情。

我们在开始推进一件事之前,除了制定目标外,预知风险也是前期需要进行的准备工作。有时,预判能力甚至比规划能力和执行能力更重要。比如,作为一个表达能力比较弱、写作水平普通的人,在撰写一篇稿件之前,除了制订每日每周的写作进度计划外,还会提前设想好诸如稿件没被录用、稿件被退回等糟糕的可能性。而当类似失败的遭遇发生后,该如何应对或解决?如果不能应对能否接受"放弃追求成功"的结局?一旦在心里对可能的失败做好准备,那么当失败真的来临时,才能坦然面对。

失败并不可怕,关键在于我们如何面对失败。

4. 成功的路径究竟是什么

首先,只有当我们放弃追求的信念时,失败才会涌现。

其次,失败仅仅是通往成功路途中必须经历的过程而已。要相信这个世界上没有任何一个人，在没有经历任何失败的情况下能取得成功。

最后，从少数失败经验里获取教训，通过无数小小成功的积累，在不知不觉中达成巨大成功，这是开启人生正向循环的唯一道路。

第二节 别让受害者心态伤害了自己

一、总有刁民想害朕

"真倒霉,这次考研没有上岸。"
"我30岁了还没房没车,都怪父母没给予支持。"
"你欠我的,你全家都欠我的。"

有的人,在生活中处处抱怨,认为所有事情都从来没有遵循自己的意愿发生,总觉得自己被人恶意针对找麻烦,感觉一切都是他人的问题。有的人,因为遭受过他人的伤害,就认为所有人都会用相同的方式伤害自己。还有人,听说他人的遭遇后,就终日紧张不安,害怕自己也会有同样的遭遇。这样偏执的、"一棒子打死一群人"的受害者心态,在我们的身边越来越普遍。

1. 认为自己被全世界亏欠

有受害者心态的人,常会觉得自己非常可怜,总是感到心里非常委屈。他们内心戏丰富,很容易用一种相对偏执而且扭曲的视角看待别人的一切举动。有受害者心态的人,会因为他人的一句话、一个眼神就觉得对方讨厌自己,或者是在对自己释放侵略信号,会把小事无限地放大。而提及他人,他们总是赞到根本停不下来,他们觉得谁都比自己过得好,谁都比自己命好,自己最不幸、最可怜。拥有受害者心态的人会把遭受过的侵害在心里无限放大。

· 受伤 那种觉得被他人伤害的不愉悦的感受,就是受伤感。受伤感未必是刻意被伤才会产生。如果自身和内心过于脆弱,我们很容易放大他人的任何一句话和任何一个眼神、表情、行为,才会轻易觉得受伤。而他人未必是你所认为的那样,想要对你实施伤害,伤害未必是刻意和故意的。我们常常说的玻璃心就是形容一个人动不动就感到受伤。而产生受伤情绪的人,未必会有愤怒或者非常激烈的情绪反应,通常会喋喋不休地抱怨他人实在太不小心或者没有顾及他的心情等。

• 受害 受害比受伤的情绪要更激烈一些。感到受害的人会武断地认为,对方一定是故意伤害自己。如果受害感强烈,走向极致,那么人就容易抑郁、偏执,甚至陷入被迫害妄想症里。受害感是一种被不安全感胁迫的痛苦感受。在生活中,不乏很多人认为自己是受害者,认为周边的亲人和熟悉的朋友都会做出很多伤害自己的行为,受害者会找寻一些证据去证明自己受到了伤害。当然,受害者有可能在婴幼儿时期确实遭受过伤害,这种受害感在他们的心里迟迟无法散去,伴随在成长过程中,因此他们很容易认为自己是受害者,或者觉得别人在伤害他。有这样的心态以及阴影的人,在和他人相处时,往往也会产生一定的问题,他们的社会适应性往往不会太好。

带着受害者心态生活的人总会臆想自己被害的情节。比如被人暗算,被人毒害⋯⋯严重时,这种被害臆想会反映到身体上,出现肌肉紧张,身体疼痛。有些想象自己被迫害或者被下毒的人,甚至真的会感觉到肠胃疼痛。

当受害者心态走向极致,人就会出现被迫害妄想症,进而引发精神分裂等严重情况。他们坚信,确实是有人在害自己,而他们提供的证据又往往不能完全符合真实情况。

被受害者心态操控的人需要非常关注自己的心理活动。一旦被害的心理感受强烈,应寻求专业心理治疗机构的帮助。

2. 受害者心态特征

"我弱我有理,都是你害的。"有受害者心态的人,总是把自己的问题归咎于他人,自己不愿意承担责任,也不愿意去改变现状。这种心态有以下几个特征:

·**对他人不信任** 有受害者心态的人往往对他人抱有强烈的不信任感。他们认为他人都是不可信的，都会对他们造成伤害。这种不信任感使他们在面对困难时，总是把自己封闭起来，不愿意寻求他人的帮助。他们害怕他人会利用他们的弱点来伤害他们，因此宁愿自己承受痛苦，也不愿意让他人靠近。

·**总是觉得不公平** 有受害者心态的人总是觉得自己受到了不公平的待遇。他们认为自己的生活中充满了不公正的事情，总是有人想要欺负、剥削他们。这种思维模式使他们在面对问题时，只会抱怨而不先想办法解决问题。他们把注意力都放在了他人的错误上，而忽略了自己的不足。

·**不会换位思考** 有受害者心态的人喜欢扮演被伤害者的角色，总是把责任推给他人。他们在面对问题时，总是抱怨他人的行为，却从不反思自己的问题。他们不愿意承认自己的错误，也不愿意去改变自己。这种心态使他们失去了很多成长的机会，也让他们陷入了无尽的自怜和抱怨之中。

·**有强烈的攀比心** 有受害者心态的人往往觉得自己的生活空虚而无趣。他们总是拿自己和他人比较，觉得自己的生活不如他人的好。这种攀比心理使他们总是在追求更多的物质和虚荣，却忽略了内心的满足和幸福。他们总是在追求他人的认可，却忘记了自己真正的价值。

·**没有价值感** 有受害者心态的人往往缺乏自信和自尊。他们总是觉得自己不够好，不值得被爱。这种低价值感使他们在面对挫折时，容易陷入自我怀疑和自我否定的情绪中。他们总是觉得自己没有能力去改变现状，也没有勇气去追求自己的梦想。

·**人间不值得心理** 有受害者心态的人往往对爱情和人生抱有悲观的态度。他们认为这个世界上没有真爱，人们都是因为利益而在一起的。这种观念使他们在面对感情问题时，总是觉得自己得不到幸福，也不相信他人会真心对待他们。他们把自己的心灵关在一个牢笼里，不愿意接受他人的关爱。

·**习惯性推卸责任** 在面对问题时，有受害者心态的人总是把责任推给他人。他们认为自己是无辜的，一切都是他人的错。这种思维方式使他们在解决问题时，总是抱怨和指责他人，而不是积极地去寻找解决办法。这种消极的心态使他们失去了解决问题的能力，也让他们陷入了无尽的纷争和矛盾之中。

受害者心态是一种消极、自卑的心态。它使人们失去了成长的机会，也让人们陷入了无尽的痛苦和抱怨之中。

3. 受害者心态的来源

总是将责任转嫁到他人身上，并且容易对自己进行否定，这就是受害者心态在作祟。出现受害者心态并不完全是我们的错，也可能与过去不好的经历以及成长环境有关。

·**过去不好的回忆** 例如，在我们成长的过程中，经常性地被父母和家人否定，或者是成长的环境非常不安全，父母经常吵架，责骂自己，又或者是自己的感受常常被父母忽略。在这样的环境中长大的我们，内心不知不觉就埋下了焦虑的种子。成年后，我们可能会过度解读外界信息。通过猜测外界的想法，实施自我防御行为。

·**过去不好的回忆过不去** 这是一种伴随对负面事件的持续回忆而陷入的负面情绪。我们感到无力，进而成为无可奈何被困其中的受害者，一遍一遍地加深，形成负面循环。因为过分忧虑和担心周围不好的信息或者过去不好的回忆，只要身边稍微有一些情况，内心的恐慌就会被无限放大。由于内心过不去这道坎，因此常常焦虑。看待任何事物都会与最坏的情况联想到一起。

受害者心态是因为你看到了他人的痛苦，或者是自己曾经也经历过痛苦，而导致自己深度陷入受害情绪中无法走出。你总会觉得一切防不胜防，危险无处不在，风险总是避之不及。过不去的忧虑，让我们怀抱着受害者心态，在恐慌中生活。

二、安全感是自己给的

  人生充满了磨难。情感和事业都可能遭遇挫折。房价高昂、工资不升反降，想要去的旅行总是无法实现，因为自己不够有钱。但是，我在很多段旅途中，偶遇的一些朋友并不是富二代，他们的经济状况也很一般。他们工作努力，也能够前往许多地方，他们自律自爱，勇于追求自己想要的生活。

  这个世界不欠我们的。我们只欠自己一份实实在在的努力。

  机遇和幸运敲过每个人的门。只是当机遇敲门时，你并不在家，或者你没有准备好。

1. 疗愈自己的人，还得是自己

  具有受害者心态的人，面对挫折，只会推卸责任，认为不是自己的问题，一切都是外界的问题。因此伤害他的人必须对他道歉，否则这个事情他和他人没完。

  一个有成长使命的人，会理智客观地看待问题，不纠结于过往伤害，并从中学习成长。

  陷在受害者心态里的人，心里总插着一根刺。如果不想办法拔出这根刺，势必会加深他受伤害的程度。

  ·**聚焦果，而非因** 这是拔出这根刺的前提。

  了解自己确确实实所遭受过的伤害和经历的失败，对现在造成了多深的影响。

  "30岁了还没房没车，都怪父母没给予支持。"如果你说的这一切是事实，那么我们只需要把问题聚焦到"30岁还没房没车"这个结果上，而不是怪罪于"父母没有给予支持"。显然，"没房没车"仅仅是你对自己的一种不满，而不会让自己的生活倒退或变得更糟。只有当你只想着"父母没有给予支持"这个因时，你才会感觉受到伤害。"父母没有给予支持"这个理由，成了你抱怨时的替罪羔羊，但实际上这并不是扎在你内心的那根刺，也不是造成你受到伤害的根本原因。

2. 明确伤害责任方

要克服受害者心态，我们就要迈过回忆那道坎儿，拔掉内心的刺，还需要明确伤害自己的责任方究竟是谁？这可以帮助我们更有针对性地克服心理创伤障碍，不像无头苍蝇乱撞，不牵扯无辜。比如"30岁没房没车"的责任人，应归咎于自己不够努力或者自己没有机遇，尽管殷实的家底可能会让我们更快地拥有房子和车子，但并非人人都是"富二代"的命，不能拿"富二代"的起点，来指责父母没有负责我们的房子和车子。只有冷静下来，理性思考确定责任方，才能帮助我们克服"本是他人的锅却由我来背"这样的受害者心态。确定伤害的责任方后，我们就可以有效地卸下受害者逻辑，避免不必要的"内耗"、争吵和冲突。

3. 剔除伤害影响

伤害已经成为过去，伤害对我们的影响已经不能改变。我们需要做的是，尽量拔除心里那根刺，不让这根老刺永远伤害我们。失败、错误和痛苦等经历不应该伴随我们一生。今后，我们需要学会放下过去，朝着更积极的方向前进。当然，这并不意味着我们要彻底忘记过去，而是要学会从中吸取教训，成为更好的人。

无论是事业还是生活，我都经历过很多风风雨雨。我遭遇过朋友严重的背叛，同事的刻薄伤害，家人亲友的不理解、不支持，但我并没有因此对身边的其他朋友和同事戴上有色眼镜，我也最终寻找到了与家人、朋友，以及自己和解的方式。克服受害者心态，我们要做的是剔除伤害的影响，不要让内心的刺痛影响我们今后人生的判断和发挥。

4. 感谢自己，不要感激伤害

有句话说，"要感激伤害你的人"，但我想说的是，我们最应该感谢的是自己。只要真切受过伤害的人，都应该深有体会。我们靠自己迈过了一道道坎儿，我们靠自己缝合了伤口。克服受害者心态，不建议感激伤害，但一定要记得感谢自己。

第三节　被负罪感操控，你不痛苦吗？

一、理所当然的不应该

"都是别人错"的受害者心态是把责任归咎于他人，而"都是自己的错"的负罪感心态则是把责任归咎于自己，这两种负面情绪都是看待事物的标准出现了偏差导致的。

以非正确的认知为标准，做不到就感觉自己有罪。

目标失败了，全都将其归咎于自己的无能。

有时候工作没做好就中途休息，感觉自己罪孽深重。

在日常工作生活中，我们一定要警惕出现这一种"因为我没有按照他人的要求和社会主流的规则去行事，就说明我是一个罪孽深重的坏人"的可怕逻辑。

常出现负罪感心态的人，往往是因为过度在意他人，而过分苛责自己。

大多数时候，只有善良懂事的人才总会背负负罪的心态。

1. 内疚感和负罪感

・**内疚感**　内疚是隐隐约约感到"做错了什么"而心里不好受的情绪。一般来说，做错的事情，可能是过失性的，也有可能是刻意的。比如，因为走路不小心撞到人，或者是为了竞争而去打压对手。我之所以感到内疚，通常是因为能够理解受害者承受的痛苦，另一部分原因则是出于对自己行为的谴责。如果内疚感非常强烈，那么就会产生罪孽感。当内心长期背负着沉重的、无法挣脱的罪孽感，我们就产生了负罪感。

・**负罪感**　负罪感是一种强烈的、经常出现的、极致的内疚情绪。负罪感是一种背负着过去错误认知、认定自己有罪的感受。通常指个体对某些行为或思想感到内疚、懊悔或羞耻，并因此产生自我责备、自我惩罚和自我惩戒等行为的一种情绪。负罪感是由于我们做了某些违背内心认知、认为不正确和不负责任的事情，或者是未能做到应该做的事情而产生的。

负罪感是一种完完全全隐藏在自己内心里的情绪，与愤怒、生气、快乐等情绪不同，只要我们自己不说，他人就无法察觉。当我们感到负罪时，内心充斥着负面情绪和错误认识，会觉得异常痛苦和煎熬。它不同于悲伤、抑郁等情绪，只要你保持沉默，它就会悄无声息地隐藏在你的心底，没有人能够看出你正在经历什么样的煎熬。

有理论认为，负罪感是人类最"无用"的一种情绪，它给人带来困扰，耗费人的大量精力，却并不能帮助人们解决实际问题。

在现实生活中，过度的内疚、自责和负罪感并不是一件好事。高负罪感的人容易持续性的抑郁、焦虑和自我否定。一旦犯了错误，他们很难集中精力用行动弥补错误，而是任由自己在负罪感中沉沦，在自我攻击和否定中逃避现实。

实际上，许多人的负罪感并不是因为他们真正犯了错，而是因为他们对事物认识不清和缺乏自信。许多人的负罪感来自他们内心超我的责备。比如，很多人从小就把父母的教导和要求的价值内化到心里，如果逃离这些要求，他们马上就会感到有负罪感。一个从小被父母要求努力学习、不能玩乐的小女孩，只要学习稍加放松，就会产生深深的负罪感。

在这些情况下，负罪感不仅没有帮助我们改正行为，反而可能会给我们的身心造成极大的伤害。

2. 识别负罪感

如果你有以下的行为特征，说明你可能深陷在负罪感里。

- **热衷给自己贴坏人标签** 对"自己是个坏人"这件事一锤定音，因为自己的某一次错误而给自己贴负面标签，只能徒增痛苦，毫无裨益。
- **存在圣母心态** 你会错误地把不属于你的责任归到自己身上，你会圣母一般假设自己需要为一件消极的事情负责。

・"理所应当"的强迫性思维 我们常常会用"我应该""我必须"这样的表述来定义自己的生活,这种陈述方式会让我们感受到一种压力,我们称之为"应该强迫症"。我们总是希望自己能够做到完美,达到全知全能的标准,但这种完美主义的"应该"给我们的生活制定了完全不可能实现的期望和标准,它们是专门来挫败我们的。当自己的行为在现实中没有达到预期标准时,这种"应该强迫症"会让我们讨厌自己,我们会因为自己的"无能"而感到羞耻和内疚。

比如,有些人认为自己要做一个永远乐观向上的人,就应该"时时刻刻快乐而积极",永远充满正能量。这种心态看似阳光积极,但你没看到的糟糕的另一面是,在这个"应该"的设定下,一旦你有一些低落的情绪或者负面的想法,你就会产生负罪感,质疑自己。显然,在现实生活中保持永恒的快乐状态是不合理的、不现实的。"应该强迫症"根植于你对自我的错误预期,你对自己能力的不合理估计,这也是一种对自己不负责任的态度。因此,我们需要摆脱这种"应该强迫症",重新审视自己的期望和标准,接受自己的不足和错误,学会宽容和接纳自己。只有这样,我们才能真正地享受生活,过上自由、快乐、有意义的生活。

3. 认识罪恶源头

负罪感通常是因为夸大后果,过分自省或者自身的完美主义倾向而产生的一种情绪。

・**强迫症和完美主义倾向** 具有强迫症和完美主义倾向的人,他们可能会因为自己无法达到完美的标准而感到内疚。即使他们已经达到了自己的标准,他们也会认为自己的表现不够出色。

・**放大消极后果** 有时候,我们认为自己的言行,会对他人或环境有不良影响,但实际上的影响可能并不像我们所认为的那么严重,而我们依旧会不断想象后续。过分强调后果的严重性,可能会导致负罪感。

・**过分的自省和自责** 另一种产生负罪感的情况是过分的自省和自责。

有些人可能对自己过于严格，不断反思自己的行为，并不断责备自己。这种过度的自省和自责会让人感到疲惫和沮丧。比如，疏忽之下，你把杯子打碎了，杯子的碎片没有清扫彻底，不小心让他人受了伤，于是你感到万分自责，终日反省自己的行为，并且总是在提醒自己"细小的碎渣也不能放过"。这种过度的自省和自责，会使我们认为自己是一个糟糕的人，不值得被尊重。

常常怀抱负罪感的人，内心通常很善良温顺，他们习惯了带着"自我审判"的眼光看待自己的行为，固化的"理所应当"思维常常会让自己自责、内疚。

二、"对不起别人"的魔咒

1. 你是否正式确诊了幸存者综合征

遭受各种不可抗、严重灾难性事件后，有幸活下来的人，可能会患上幸存者综合征。患有幸存者综合征的人，会出现内疚、抑郁、梦魇、惊恐、情绪脆弱等心理障碍，这是精神创伤的一种应激表现形式。

存在负罪感情绪的人，脑海里会不断地循环播放过去的创伤事件，就像重复给自己下一个"对不起别人"的紧箍咒，时刻提醒自己。

负罪感强烈的人会时时刻刻地认定自己就是一个坏人，而相信自己确实是一个坏人的行为进一步加深了自身的负罪感。在这样的逻辑中思考的直接后果就是，你将会自暴自弃并且继续执行错误的行为，甚至变本加厉地谴责自己，当扭曲的认知和负面糟糕的情绪盘根错节地交织在一起的时候，我们的理性思考能力将会丧失，再也无力挣脱"对不起别人"的魔咒。

2. 为何陷入自我催眠的咒语？

首先，会坚信事实是由情绪决定的。在我们的社会中，情绪常常被视为行为的指南，事实则被视为附属品。我们常常根据情绪来判断自己的行为是否得当，而不是基于事实和理性。对于许多人来说，说"对不起"

是一种表达内疚和羞愧的方式，这往往与我们的情绪状态紧密相关。当我们感到内疚或羞愧时，我们会倾向于说"对不起"，而不关心这一道歉是否合理或必要。

其次，习惯了自我惩罚。在我们的文化中，我们被教导要对自己的错误负责，要为自己的行为道歉。这种教导的本意是鼓励我们反思自己的行为，以便更好地改正错误。然而，在实践中，这种教导往往被过度应用，导致我们对自己的小错误过度道歉，甚至在没有明显错误的情况下，我们也倾向于自我批评。比如，你和朋友约好了一起吃午餐，但你因为忘记了时间而迟到了。在这种情况下，你说"对不起"是很自然的，因为你知道自己犯了错，而让朋友等待。然而，有时候，我们会陷入过度道歉的陷阱中。我们可能会在道歉中过于强调自己的错误，过分贬低自己的价值，甚至在不必要的情况下道歉。比如，在朋友表示理解后仍然不停地道歉："真的，我不可饶恕，我有罪，你惩罚我吧。"

这种谴责自己的行为往往源于我们内心深处的自我惩罚倾向。我们可能会认为，只有通过自我惩罚，才能表明自己的悔过和决心，才能改正错误。

为了避免陷入"对不起别人"的自我催眠咒语中，我们需要采取一些积极的措施。

三、摆脱负罪感

如何摆脱负罪感

这里的前提是，你的负罪感不是来源于违背伦理道德以及违法犯罪行为。

- **与自己为敌** 想要摆脱负罪感，可以尝试不要遵从自己的想法行事。首先，你需要冷静地分析情况，并向自己提出疑问：我这样做真的正确吗？有没有其他考虑因素？后果真的有那么糟糕吗？一定要记得提醒自己，不要单纯地相信自己的感觉。因为此时我们的心态可能是有偏见的或者过于激进的,所以感觉可能不那么值得信任。接着,你需要学会为自己辩护,并考虑其他可能性。你可以寻找另一种可能行事的合理理由,为其提供积极支持。通过"与自己为敌"的方法,尝试寻找积极正面的行为导向,就能摆脱负面的内疚感和负罪感。

・**移除"理所当然"的强迫思维** 你需要问问自己:"谁说我应该这样做?"这一做法的目的是让你意识到,你对自己所要求的"应该"其实是不必要的。你可能一直在给自己制定各种行为准则,一旦你察觉到哪条准则不再适合你了,你应该果断地将它从你的字典中剔除。比如,我们总是会说:"家庭和睦就是最大的幸福和满足。"于是,我们就会把能够为家人分担一些压力,当成我们的准则,一旦某些时候我们没有做到,负罪感就会油然而生:"没有把家人照顾周到,是我的问题,我不应该把自己的情绪带回家里。""违背了父母的要求,我真是个不孝顺的孩子。"但是人生经验告诉我们,要"做到让每个人都满意",这其实并不现实,也不能对我们的家庭关系、人际关系等产生任何正面作用。这时,你应考虑改写你的准则,让它更加有效地服务你的目标。

想要摆脱"理所当然强迫症"的困扰,重要的是你要明白,每个人都有自己的缺点和局限性,没有人能够完全满足别人的期望。放下过高的自我要求和对他人评价的依赖,你会发现自己的生活变得更加轻松愉快。

另外,保持与他人进行积极的沟通也是很重要的。如果你觉得自己在某些方面做得不够好,可以与伴侣、家人或朋友坦诚地交流,寻求他们的意见和建议。他们的观点可能会给你带来新的启发和理解,帮助你找到更好的解决方案。

・**必须坚守底线** 容易产生负罪感的人最大的弱点是容易被他人利用。在人际交往中,我们常常会遇到一些让我们感到不舒服、不公正或不符合我们价值观的情况。然而,如果我们总是选择妥协和让步,就可能会被他人不断利用,甚至损害自己的利益。对于亲人和朋友的要求,我们往往出于关爱和尊重而不忍心拒绝。比如,父母可能因为渴望抱孙子而对我们施加婚姻压力;朋友可能因为我们的听从而滥用我们的个人信息。在这种情况下，我们很容易屈服于他们的期望和社会的压力，牺牲自己的需求和边界来取悦他人。然而，我们需要认识到，这种让步只会让情况变得更加恶劣。我们不断地妥协和退让，最终可能会导致我们失去自我，感到疲惫和不满。同时，我们也在无意中培养了一种被动的态度，让别人觉得可以不断利用我们。这样的关系是不稳定的，很难长久持续下去。

因此，我们应该学会在面对他人的要求时坚守自己的底线。这并不是说我们要对他人冷漠或无情，而是要学会保护自己的利益和边界。我们可以坦诚地表达自己的观点和感受，让他人了解我们的诉求。在必要的时候，我们可以委婉地拒绝他人的要求，不必过度担心会伤害到他们的感情。除此之外，我们也可以尝试提供一些替代方案或解决方案，以满足他人的需求，同时也能保护好自己的权益。

我们需要明白，负罪感并不等同于责任感。有时候我们会因为自己的选择或行为而感到内疚或不安，但这并不意味着我们就应该为了别人的感受，而放弃自己的原则和需求。相反，我们应该学会接受自己的过错和不完美，同时也要为自己的决定负责。只有我们真正意识到自己的价值和权利，才能更好地保护自己，并与他人建立良好的人际关系。

请记住：你值得被尊重和爱护，不要为了他人的要求而牺牲自己！

第四节　拯救后悔，万事皆可复盘

一、不能重来的人生

一想起过去做错的某个决定，我们就感到悔恨不已。

"我好后悔把上一个工作辞了。现在已经无业两个月了，面试了无数公司，条件待遇都没有原来的公司好，工作也没有比原来更轻松。我想要回去，但是原来的公司已经招到人了。"周周来找我做咨询的时候，看起来非常沮丧，后悔的情绪充斥着她的内心。

我也有过感到后悔的时刻。多年前，我因为脸上斑点太多，觉得不好看。所以我就想改变自己，于是斥巨资到医院做了美容祛斑，但是效果并不如预期。花了钱，没有达到效果，还很快就复发了。对于祛斑这个决定，我感到万分后悔。我还很后悔，读大学选择了自己并不那么喜欢的专业。后悔当年被伤害的时候没有及时地反击……

"只要想起一生中后悔的事，梅花便落满了南山。"诗人张枣如是说。

然而，在现实生活中，后悔并没有如此诗情画意。每一个感受过后悔或正在深陷其中的人都应该清楚那种滋味，它让人痛心疾首，很难解脱。

1. 了解后悔

后悔是个体对过去做过的选择和行为没有导向理想的结果而产生的不满和自责情绪。后悔是一个人胸中无法释放的一股气，是一种内心不痛快的感受。后悔是一种自我批判和自我否定的想法，它在脑海中不停地萦绕。人们由于对过去的事情不满而进行自我责备。

后悔是深思熟虑后，对自己过去的行为选择，进行反思的一种结果。当我们回顾自己的过去，意识到自己曾经做出的选择和行为并不正确，而且导致了一系列令人不满意或不应该发生的后果时，我们会感到深深的后悔。我们会反复问自己"为什么当时要那么做"等问题，任悔意不断困扰着我们的内心。

后悔往往源于我们对自己所做的事情产生了质疑和否定。我们开始审视自己的行为，反思其中的错误和过失，并意识到这些错误给自己和他人带来了痛苦和困扰。同时，后悔也会引发一种强烈的自责情绪，让我们感到内疚和懊悔不已。我们可能会责备自己为什么当时没有做出更好的决策，为什么没有更加谨慎地考虑后果。

虽然后悔让人难过，但有时候后悔也是我们成长和改变的契机。当我们意识到过去的错误时，这意味着我们还有一颗有责任感的心，愿意为自己的过错负责。后悔可以唤醒我们的良知，促使我们深入思考问题的本质，并为未来做出积极的改变。

2. 缘何后悔

后悔可能源于你过去做过，但没做对的事情。在回顾过去的时候，我们常常会发现许多事情让我们感到后悔。这些后悔可能源于我们过去做出的一些错误决策或行为。比如，我们因为一时冲动或情绪失控而在与他人的争吵中做出过分的举动，从而给自己带来无尽的懊悔。当我们冷静下来后，才会意识到当时的行为是多么不理智，多么严重地伤害了他人的感情。又如，我们也会因为拒绝了一份看似不错的工作机会而后悔不已。或许是因为当时我们对这份工作了解不够深入，或者是因为我们对自己的能力缺乏自信，最终选择了放弃。当我们看到那些选择那份工作中的人取得了成功且实现了自己的职业目标时，我们会感到后悔。

二、天很难遂人愿

"天不遂人愿。"这是35岁的唐尚珺在第15次高考落榜后的悲伤叹息。唐尚珺是一个极具争议的新闻人物。为了实现"清华梦"，他从18岁起就不停地选择复读。然而，在第 14 次的复读结束后，他不仅依旧没有如愿考上清华，反而高考分数一年不及一年。他已经彻底接受自己不具备考上清华实力的残酷现实。这 15 年间，他的高光时刻曾出现在拿下中国政法大学的录取通知书的 2016 年，但他的"清华梦"执念让他选择放弃就读中国政法大学。随着年龄的增长，高考分数已经无法再向上突破，如今他的执念已然渐渐被磨平。

高考结束后，继续选择第 15 次复读的唐尚珺说："他不后悔放弃中国政法大学的录取通知书，也不曾后悔过这 15 次复读的选择！"但他同时还说："如果再出现第 2 个唐尚珺，那是悲哀的。"经过这些年的努力和坚持，他虽然一直停留在高三学生的身份，但他的思维并没有完全停留在过去，在心态上已经有了成长和变化。

谁都会经历后悔，它让人不断反思过去。后悔有其积极的作用，但过分沉溺在后悔里就会产生消极的后果。

1. 后悔的消极面：试图改变过去

后悔的人，内心会做各种假设，"假如……那就好了""如果……那才对"等。这样的沉溺式幻想的发生，是在试图改变过去。

后悔是一种让人痛苦的情绪。为了减轻这种情绪的痛苦，人们常常希望自己没有做出那个错误的选择，希望能够回到过去，重新来过，以便有机会改变当时的决定。比如，一时冲动和前任提出了分手，冷静之后感到非常后悔，做出挽回的举动，希望得到前任的谅解，求得复合的机会。有这样想法和言行的人，常常伴随着对过去选择的不接受。严重的后悔情绪，会让人心痛，甚至严重到自己打自己。为了改变过去，后悔的人甚至会进行自我攻击和自我伤害，来求得谅解。比如，用头撞墙、毁坏财物等不良行为。

有时，后悔的人还会产生幻想，幻想"如果"没有产生那个不好的后果，幻想"如果"选择了不同的道路会是怎样，甚至幻想"如果能够回到过去改变事实，该多么美好"。

试图改变过去其实是沉溺于过去。电影《夏洛特烦恼》就描绘了一个人试图通过改变过去，来解决后悔的烦恼。现实中一事无成的夏洛，在梦境中回到了过去，改变了那些让自己后悔的事情：初恋追到手，报复了老师，事业有成，成了名人和有钱人，让对自己失望的母亲重新恢复笑颜……然而这一切终究是幻想，醒来后的夏洛又回归了现实。

值得注意的是，对那些通过沉溺于"如果……"来逃避现实痛苦的人而言，这种对过去的沉溺实际上是他们不愿为过去的选择负责、缺乏现实感的表现。因为过去并不能改变，过去的选择也是不能够重新选择的。

陷在后悔情绪里不仅无用，还容易让人沉溺在过去错误中，继续消耗现在和未来。

沉溺于"如果"，是一种潜意识中的执迷不悟，会让人错失发展和成长的机会。

2. 后悔的积极面：悔过以自新

"虽然后悔，但以后不会再犯"，这种后悔情绪是积极的。我们追忆过去，不是想要改变过去，而是为了承认并接受过去错误选择的结果，以避免在未来重复犯错。这是一种积极的后悔，我们可以称其为"悔过自新"。

有的后悔也是我们成长和改变的时刻。当我们意识到自己的错误并为之感到后悔时，说明我们承认了自己的错误，并愿意为自己的过错负责。这样的后悔，能够唤醒我们的积极情绪，促使我们反思自己的行为，并为未来做出积极的改变。

正如卡耐基所说："最大的错误是不断重复同一个错误。"后悔是我们不再重复犯错的第一步。

当我们感到后悔时，沉溺于自我责备和自我惩罚并不能改变过去。既然错误已经发生，只有接受它，避免未来再犯，才能实现真正的自我成长，从而改变我们的未来。

三、让后悔翻篇

1. 万事皆可复盘

复盘过去，理性分析让自己感到后悔的事件，从中总结出好的和坏的方面，可以让我们不再重蹈覆辙。

复盘的第一步，是审视过去的后悔。通常，感到悔意后，我们会首先质疑当时的自己"为什么要那样做"，而意识不到对于"原因"的思考，这在克服悔意上无济于事。我们可以将面对悔意时发出的"为什么"的感叹，变成"下次再有同样情况发生，我应该怎么做？"这样，后悔才不会把你拖进情绪里。

复盘的第二步，是从后悔中学习经验。努力从过去吸取经验教训，会使我们变得更加明智。比如，如果你后悔给朋友造成了困扰，那么你应该思考如何在未来更好地处理这样的问题，维护好关系。如果你后悔判断错误而导致失败，那么你就应该思考今后如何提高判断成功率。从后悔中所学习的经验和教训，不仅可以提升人生智慧，还能应用到生活、工作中。记住，一定要将经验转化为实际行动，你才能真正有所成长。

复盘的第三步，是让后悔翻篇。虽然我们无法改变已经发生的事情，但我们可以决定如何处理这些事情对我们的现在和未来产生的影响。比如，虽然我无法改变失败的事实，但因为我懂得翻篇，所以过去的失败经历不会影响我的现在和未来。

2. 做更好的自己

学会原谅自己，每天肯定自己，这是缓解后悔情绪和培养自尊心的重要方法。

我们可以通过给自己写一封信来表达对过去的自己的同情和宽容，同时避免过于严厉地对待自己。另外，我们要多多肯定和鼓励自己，给予自己支持。用理性的思考和积极的语言来提醒自己值得拥有美好的一切，包括尽管犯错但我们可以从中学习成长。建立良好的自尊心，能够帮助我们更好地面对后悔情绪并继续前进,成为更好的自己。

3. 华丽转身,悔过自新

接纳后悔并放下后悔情绪,意味着我们能够用温柔的目光看待过去的错误。假如生活是一场绚丽多彩的舞蹈,那么后悔就是其中的一个转身。它让我们认识到过去的错误和后悔让我们变得更加坚强和成熟。

过去的经历,只是我们成长道路上的细碎磨砺。

将后悔的经历,看作人生的指南针。你会发现,过去与未来如此互补。

第五节　不是丢掉遗憾，而是放下遗憾

一、遗憾，是"我本可以"

后悔是对"已经做过"的事情心生不满，遗憾是对"从未做过"的事情心有不甘。

写到这里，我认真回想了一下，自己也有"我本可以，但并没有做"的遗憾。那时候的我，在出国留学和参加高考之间徘徊，父母帮我做出的选择是出国。但考虑到多种复杂的客观因素，当时已经收到国外大学录取通知书的我，最终还是放弃了本可以成行的留学计划。这段"没有实现的留学梦"，是我至今的一个小小遗憾。

网上有个视频，拍摄者在市中心放置了一块黑板，邀请路人在黑板上写下迄今为止的各种遗憾。当黑板上写满了各式各样的故事后，我惊讶地发现黑板上的遗憾几乎都有一个共同点：这些所谓的遗憾，其实都曾有机会实现，只是因为当时做出的选择是放弃。

那些过去"不曾说出口的心声""放弃的机会""无法追求的梦想""错过的人"……组成了一个个遗憾的故事。

遗憾，就是放在心上很久想做的事情，"我本可以去做"，但一直没做，终究只能"错过"的感觉。

1. 遗憾，很常见

"遗憾"就是指遗留下来的遗憾，是一种因错过或失去，每当回忆起来就感到悲伤、失落、不甘心的感受。遗憾意味着某种可能性或期望没有实现，或者某种值得珍惜的东西已经失去。心中留下的这些未了结的事，就会让我们感到遗憾。当人们感到遗憾时，也会有失落和不甘心。

遗憾情绪是很难完全避免的。因为人的欲望是无限的，而能满足的需求有限，两者之间存在着无法弥合的差距，我们只能进行取舍。取舍过后，仍旧不能完全放下已经舍弃的。每当回想起，我们就会感到"很可惜""好遗憾"。

如果我们只是盲目地生活，那么即使经常感到不满足，也未必会产生遗憾。只有在具备了一定的觉察能力后，我们才会意识到事情不能进行后自己的情绪状态。只有在这种情况下，我们才能真正意识到遗憾的存在。一旦我们清楚地认识到有些"心愿未了"是无法改变的，于是遗憾就变成了一种存在性的情绪。

遗憾的感觉有深有浅。浅浅的遗憾比较短暂，人们偶尔能够想起，但很容易就会遗忘。深深的遗憾相对厚重，这是一种长时间积累后、刻骨铭心的遗憾。太深的遗憾可能会让人们做出想要弥补的行为，以削弱遗憾的感觉对身心的影响。

为了弥补遗憾，人们可能会尝试做一些努力，以获得自己过去本应拥有的人或物。这种行动有时会取得一些效果。比如，年轻时相爱，但是错过了，到了晚年终于走到一起。类似地，金庸为自己年轻时未能进入一所好大学就读而感到遗憾，因此，他在 80 多岁时远赴剑桥大学攻读博士学位。对于已经功成名就的他来说，上大学已经没有多少实际价值了，但这个举动可以弥补他的遗憾。

2. 有关工作和友情的遗憾

"因为爸妈不希望我离家太远，所以毕业后就回老家工作了，失去了一个去香港工作的机会……"

"生了场大病请了几天病假，错过了申请晋升的最佳时机……"

"浑浑噩噩过了那么多年，始终没有勇气去从事自己喜欢的工作……"

"中学时期，和同桌大吵了一架后，第二天就听到她永远离开的消息……"

"毕业后，大家各奔东西，原来说过的'要常聚聚'逐渐变得不再可能实现……"

3. 有关亲情的遗憾

"因为决定成为一名丁克,不能让父母抱上孙子了……"

"很小就离开父母独自生活了,和家人关系不亲近,'我爱你'这样的话我从来没说过……"

"立过一个目标,30 岁前攒够钱带父母一起环球旅行,但现在我已经 32 岁了,钱还是不够……"

4. 关于爱情和婚姻的遗憾

"因为害怕被拒绝,一直没向他表白,最近听说他结婚了……"

"在一起的时候,如果我知道她抑郁症那么严重,我也就不会失去她了……"

"分手的时候,彼此都不够体面……"

"事业为主,所以做了分手的决定,当时伤她伤得很深,一句对不起都没有对她说过……"

"公司外派非洲三年,出国不久,媳妇就怀孕了,错过了孩子的诞生及成长的陪伴……"

"连着两年春节,都没能回家吃年夜饭。身为人民警察,过年必须值班……"

聊起以上那些工作、生活中令人感到遗憾的事情,我相信大家都会和我一样,心里沉甸甸的。

二、重来依旧遗憾

一个人究竟要重生几次才能不留任何遗憾?

英剧《生命不息》(*Life After Life*)试图给出合理的答案。片中,女主角厄舒拉在一次又一次死去和重生的轮回中,不断地试图创造完美人生。每一次人生的重启，厄舒拉都尽可能避免上一次人生里的遗憾出现。然而不管厄舒拉的人生如何重来，过去的遗憾并不能被修正和改变，新的遗憾纷至沓来。这个故事告诉我们，这个世界不存在"圆满无憾"的完美人生。时间也并不能修正遗憾所带来的糟糕感觉。每一段人生过去之后，就不复存在了，只有现在才是真实的。

遗憾可以重温，但很难被弥补或修复。遗憾永远只能是遗憾。

那么，当我们不得不需要面对人生里的种种遗憾时，该如何做才能释怀呢？

遗憾太沉重了，沉重得总是让我们不小心把"因为遗憾而另外收获的美好"也遗忘了。

1. 遗憾成全了另一种美好

别忘了，其实人生里所有的遗憾，都是另一个美好的成全。厄舒拉每一次的重生，虽然并不能修正上一次人生的遗憾，但是在不断重启的人生之后，厄舒拉逐渐意识到"珍惜当下"才是最"无憾"的美好人生，不断死去的遗憾，带领厄舒拉感受活着的美好。

遗憾是不可逆的。回顾自己的过去，你会发现是遗憾帮助我们成为现在的自己。为"失去的机会"而感到遗憾时，要想想：若不是我的那次错过，又怎会有机会遇见和拥有现在的一切？我过去的遗憾，也许恰巧成全了现在的美好。

对于遗憾，如果我们能够以正确的方式看待它们，我们将发现那些遗憾，正是让我们当下如此美好的关键。

2. 人生没有必做清单

网络上流行的《人生必做100件事清单》，像是为了避免人生留下遗憾而书写的一份人生规划。在这份清单里，人生被安排得明明白白。但是，每个人的人生经验都是独一无二的，制订了计划，我们就能坚定不移、不留遗憾地全部执行吗？未必。人生的轨迹，如果能够被预测，那么当下便不会到来。2013年,我在鼓浪屿开了人生第一家民宿。在那之前,"开民宿"这件事我从未想过,我也从没为开民宿做过任何计划。第一家之后,我便开始沉迷于民宿经营领域,不久又开始希望有更大的发展,走上了经营更多家民宿的路。做个假设,如果我提前好几年就将"开民宿"放在我的人生必做清单里,那么我能否就朝着目标前进呢?也许最开始一定会研究了解,但是最终能不能"落地",就要打一个大大的问号了。

每个人都会被自己的欲望强加许多"必须做"的想法。但是,首先我们必须明确一点,人生很难有固定且完全没有任何意外发生的剧本。将来的不确定性,正是人生的魅力所在。我们无法预见那些会影响我们走下去的偶然事件,也无法预见我们自身的成长和变化。因此,我们不能被"必须做"的想法束缚,而应该抱持着开放的态度,勇敢面对生活的变幻莫测。我们要认识到的是,书写一份人生必做清单,只是为了给当时略感迷茫的我们,提供一份带有明确目标和计划性的参考建议清单,并非真正要求"每件事都必须做到"。

把人生必做清单,看成"人生想要做的清单",可以让我们在面对取舍时,不会感到懊恼和遗憾。

那块让人"写下遗憾"的黑板,也同时给写下遗憾的人们提供了一块黑板擦。在那些密密麻麻的遗憾故事最后,有一行简短的字:"写完遗憾之后,你要做的是擦除掉这些遗憾!"

抹去的遗憾,给原本填满遗憾的黑板,留出了崭新的书写空间。

为了能够提醒大家更积极地体验活着的美好。日本的一名临终关怀医生,记录了1000多名临终者在濒临死亡之前所表达的临终遗憾。他统计出最常见的一些遗憾,我摘取部分供大家参阅:

"没有关注身体健康,没有戒烟。"

"大部分时间用来工作,没做自己想做的事。"

"没有实现梦想,没有去想去的地方旅行。"

"做过对不起良心的事,但是没有说对不起。"

"没有和想见的人见面。"

"一辈子都没有结婚,没有生育孩子。"

"没有表达自己的真实意愿。"

"没有信仰,没有认清活着的意义。"

"没有留下自己活过的证据。"

"没有对深爱的人说谢谢。"

这些常见的临终遗憾,可以帮助仍旧在好好活着的我们,反思目前的生活状态,做出更符合自己目前需求的选择。

当我们在回顾一些遗憾时,尽量同时回忆起当时"没有去做"的原因,就更能乐观地看待那份遗憾,珍惜当下,享受"那些年的遗憾所成全的美好现在"。

第六节　遗忘力：不是所有的信息都要留住

我们总以为过去的失败、伤痛、悲伤、悔恨和遗憾会随着时间而减少，但实际上我们过去所受的伤害并不会减少或者消失。就如同失恋，我们可能会永远记得那一刻的感受，并且很难忘掉。

・什么是遗忘力？ 就是能够选择性删除不好的回忆，释怀过去创伤的情绪调节能力。遗忘力让我们能够摆脱过去的痛苦和烦恼，以及无意义的记忆。当我们经历一些不愉快的事情时，我们可能会沮丧和不安。但如果我们能够遗忘这些事情，就可以减少负面情绪对我们的影响，从而更好地应对未来的挑战。

遗忘力还可以帮助我们更好地理解自己和他人。当我们遗忘过去的错误和缺点时，我们可以更客观地看待自己和他人，从而更好地理解他们的行为和想法。

遗忘力可以帮助我们删除过去经历过的有害的信息，减轻失败、痛苦、负罪感、后悔、内疚等负面情绪给我们带来的心理负担，给大脑让出更多空间，提升我们的思维效率。运用遗忘力来降低情绪困扰，减轻负面情绪压力，我们可以更好地应对未来的挑战，并能更好地理解自己和他人。

一、遗忘力的作用

最近的你，是否常常陷入回忆？

很多人晚上睡觉前会回顾当天发生的事情。比如，某某说话太过分了，很后悔当时没有怼回去。某某今天那样做，真的很伤人……于是越想越激动，恨不得马上回到白天阻止伤害发生，因此根本没办法好好入睡。

过去很久的事情，一直萦绕在脑海里，挥之不去。比如，我能够轻易想起 3 岁时发生的很多事；清晰地记得到目前为止遇见的每一个人，对我说过的每一句话；甚至当时是在什么地方，我做了什么事。当时毫无感觉，现在回想起来，才意识到自己被人玩弄了，本来不难受，现在越想越委屈。

　　想起来的总是感觉不好的事情。比如，那件事失败了，我真糟糕，再次肯定自己个废人。遇到和某某同类的人，不能再相信了，提醒自己记得对所有人保持警惕。那个人的所作所为，想起来就咬牙切齿，甚至控制不住地骂起来，陷入"他为什么要那样对我"的痛苦纠缠中……

　　我们总能清晰地回想起成长至今发生的一些事情，有好的也有坏的。坏的事情，会让我们重新回到当时的糟糕情绪里，曲解可能出现的善意。而那些无关痛痒的事情，也在占据着我们有限的精力，消耗着我们有限的心力。记忆力太好的人，很难从过去的情绪中抽离出来，甚至会出现长时间情绪低落或者情绪"内耗"的现象。

　　有人说："我并没有刻意去记住任何事啊，我并不是记忆力很好的人。"那么，你也许和我一样，对于很多过去发生的事，尽管没有刻意地记住，但是我们也从没有遗忘过。我们只是将记忆封存了起来，一旦回忆起不好的往事，就会经历仿佛再次被折磨了般的痛苦。

　　无法遗忘的过去，严重的会影响心理健康，PTSD 就是一种常见且多发的、由过去事故所导致的心理障碍。

> **PTSD**：创伤后应激障碍，是一种由于遭受或目睹创伤性事件，如战争、暴力、性侵等，而导致长期的情感和心理障碍的疾病。

　　一旦你感觉自己倾向于 PTSD，请立即寻求专业心理治疗的帮助，一切已经刻不容缓。

1. 有益的遗忘力

心理学家尼利在一项回顾性的实验研究之后认为："当人们通过'主动地'遗忘来摒弃信息时，较少会受到前摄性干扰。实际上，遗忘可能是一件有益的事情！"

在我们的日常生活工作中，无法遗忘的记忆有时候会干扰我们的其他行为决策。

比如，作为一个心理咨询师，在与上一个患者结束对话后，我立即要进入下一段的咨访关系中。这时候，主动地遗忘上一个患者的情况，过滤掉与下一个患者无关的信息，我才能够更专注当前的咨询工作。而缺乏主动遗忘力的人，在不断接收更多信息的状况下，容易被大量无用的记忆影响。

尼利提醒我们："被指引的遗忘，应当是我们舍弃信息时的重要方式。"

2. 遗忘力的作用

·**遗忘力是区分"有用"和"无用"记忆的工具**　社会普遍主张拥有好的记忆力，因为记忆力可以让我们轻易记住很多细节，尤其对于学生来说，好的记忆力可以促进学习进步。在这样的主张下，遗忘似乎像是记忆的一种缺陷。

但是，如容器一样，人类的大脑容量也是有限的。在记忆存储量不足的情况下，大脑的空间应为积极的记忆让位。另外，我还希望大家了解的是，市面上那些提升记忆力的方法，表面看来是教导人们如何去记住更多的东西，但本质来说，他们是在传授"控制记忆力的方法"。主动选择遗忘无用信息，给有益的信息腾出空间，就是控制记忆力的核心。

"遗忘力"能对"有用"和"无用"的记忆进行清晰划分，以减轻过多的记忆负担，为新的美好留出存储空间。遗忘力只是控制记忆力的方法，并不是记忆力的缺陷。一旦拥有了遗忘力，就同时具备了以下的情绪调节能力：

・**遗忘力是可以接受失败的前提**　当我们拥有强大的遗忘力时，对失败的接受度也会随之提高。我们不再因一次或几次的失败而沮丧或自我怀疑，应将其视为成长的一部分。我们应学会从失败中汲取经验，而不应被其困扰。这种积极的态度使我们更加坚韧，更有勇气去尝试新的事物并挑战自己的极限。拥有遗忘力的人往往在面对困难和挫折时更加从容和自信，能够接受苦难和失败。

・**遗忘力可以让我们成为行动巨人**　拥有强大的遗忘力也能使我们成为行动巨人。我们不再为过去的失败或遗憾所困扰，而是专注于现在和未来。这种能力让我们迅速从过去的经历中解脱，全身心地投入当前的任务和目标中。无论是工作还是生活，我们都能表现出极高的效率和执行力。因此，拥有遗忘力的人往往能够在各个领域取得显著的成就。

二、如何培养遗忘力

我关注到培养"遗忘力"对于调节情绪很关键，是在我的抑郁症症状好转之后。在我抑郁症最严重的时期，我并不理解为什么心理医生给我的诊断书里，提到需要 MECT 介入治疗。

> **MECT**：MECT 电休克治疗是一种通过电流刺激大脑产生短暂的癫痫，让患者短期内失忆，从而改善某些精神疾病症状的治疗方法。它通常用于治疗抑郁症、精神分裂症等严重的精神疾病。

抑郁症好转之后，我开始复盘往事。我发现过去的我深陷情绪低谷的主要原因之一，是在接连遭受很多打击之后，失去了将"某个情绪准确地匹配至某个记忆"的能力。每当某种情绪爆发，就会牵引起其他根本毫无关联的记忆涌现。最初，我可能只是因为自己遭受了友情的背叛，而感到愤怒、痛苦、悲伤，后来我可能又因为混乱的自我和不良的人际关系而纠结、难过并持续感到情绪低落，随即割断的亲情、失去的爱情和失败的事业……这些摧毁自信心的过往记忆接连涌现，痛苦悲伤不断累积，不好的回忆持续堆砌，让我彻底失去了判断力和情绪控制力。

一个心理健康的人，不仅可以独立解决情绪问题，还能将情绪与不相关记忆区分开来。如果某个记忆让自己感到不舒服，那么及时删除这个记忆就是最好的情绪调整方式。如果无法删除，就创造令自己愉悦的新回忆，覆盖这段不那么美好的过去，也是一种方法。

正是因为我们总是无法忘记那些痛苦的过去，过去才会为美好的到来设置阻碍。

1. 如何培养遗忘力

·首先，要学会与过去和解　学会与过去和解是培养遗忘力非常重要的第一步。与过去和解并不是向那些糟事和挫折低头，也不是让自己变得麻木和不敏感，而是真正理解自己为什么会成为现在的自己。

每个人都有自己的故事，每个人的成长历程都是不同的。我们不能选择自己的出生和成长环境，但我们可以选择如何看待这些那些过去的遭遇和经历。举个我自己的例子，高考的时候，我很纠结。我在选择理工科还是文科犹豫徘徊，文科是我喜欢的方向，但理工科就业率更好。最后我认为生存问题更重要，于是最终选择了并不太喜欢的理工科专业。如今，我大学毕业已经快 20 年了，高考没有选择文科变成了我现在终身的遗憾。回顾这个遗憾，我发现：若不是那场错误的选择，怎会形成现在内心如此丰盈的自己？如果最初没有选择理工专业，而是直接选择了文科，成为一名记者，那就不可能会有现在的我。我很喜欢现在的自己——随时随地都能够独立行走，内在丰富且认知清晰。这样一想，再回头看待那个"没有选择"的遗憾，我似乎并不感到遗憾了。

学会与过去和解。这并不意味着我们要否认过去的一切，而是要学会放下那些不必要的纠结和执念。当我们的人格还不够成熟，认知还没那么清晰的时候，过去的"失败""伤害"其实也是在帮助我们更快地成长，能够更好地处理问题。比如，过去求职总是屡遭挫败，我们应该认识到，未必是自己能力不足，而是那些岗位并不适合自己。那么，重新对自己进行职业能力评估，能更好地帮助自己找到一份适合的工作。如果失败不能让你变得更好，那么至少能够指引你改变。

当我们遇到挫折和失败时，沉溺其中无法自拔只会让我们感觉更糟糕。

学会与过去和解，当我们能够意识到过去的不堪换来的是更好的自己时，才能更加自信地迎接未来的挑战。

·**其次，尽可能地投入现在** 专注于当下的专注力，是培养遗忘力的第二步。与过去和解后，我们需要尽快地投入现实中。只有感受到活在当下的真实感，才能帮助我们从无法遗忘的时光里解脱。

过去不好的事情，常常会影响我们当下的选择和判断。无数的回忆涌现，会让我们思绪纷乱，失去学习、工作、生活中本应具有的专注力。

当意识到需要平复自己的思绪时，打开一些"训练专注力"的软件，可以协助我们将自己从过去拉回现实，重新恢复我们当下的专注力。另外，冥想也是一种普遍的训练专注力的方法，如睡前冥想、专注力冥想和放空式冥想等，可以让我们及时清除杂念。另外，运动和读书也可以让我们在最容易胡思乱想的夜晚或者心情烦躁的时候，立即抽离出来。

创造能够让自己静下来的环境，也是不错的提升专注力的方法。

当我们与过去某个纠缠不休的情绪记忆和解后，我们要做的就是"提升对于当下的专注力"。上面的方法相对常见，每一种都可以尝试，从而找出最适合自己的。

·**最后，积蓄勇气和力量，创造新的美好记忆** 当我们可以接受过去的错误和遗憾，并能够从失败中发现美好的一面，理解"投入现实"对于删除回忆的重要性时，就意味着过去已经翻篇，我们的人生即将重启。

积蓄勇气和力量，可能会是一个漫长的过程。我在这里推荐几种方法：

·**借鉴他人经验** 面对曾经让自己深陷其中的错误选择，"谨慎"的同时，我们可以看看其他人没有在这里跌倒的成功因素是什么。

·**进入高能量环境**　进入一个让人感到能量充沛的环境氛围里，离开能量消耗比较快的场合，确保不被过度的信息干扰，有助于我们恢复和积累能量。

·**守护好有限的能量**　避免过多的情绪损耗和体力消耗，不要轻易被小事动摇，要将精力留给更有价值的事。

·**维持好内心的秩序**　建立稳定的情绪内核，从小确幸中寻找正确的轨道，积少成多的力量让我们重新拥有勇气。

当我们感到自己不再会被"创伤性过去"影响，看待过去时能够觉察到它积极的一面时，就是我们出发创造新记忆的时候了。尝试新的可能，体验新的事物，美好的记忆会帮助我们将过去的负担卸下，让我们不再负重前行。

面对过去，我们可以遗憾，可以后悔，可以内疚，但不应避讳谈论失败、伤害、误会和错过。

选择，没有对错。人生，也不都是完美无瑕的。

"遗忘力"是一种避免自己陷在不好记忆里、避免再次受到伤害的力量。希望每个人都能够运用好它，从多次重复的情绪冲击中，回到现实，更好地把握当下。

第六章

今天，对明天很重要

我认为，情绪问题并不复杂。

糟糕的昨天、无力的今天和模糊的明天，引发了所有的情绪。

努力不能确保能够成功；而赢家也不会永远胜利。

史铁生说："我四肢健全时，常常抱怨周围环境糟糕；瘫痪后，怀念当初可以行走奔跑的日子；几年后长了褥疮，又怀念起前两年，安稳坐在轮椅上的时光；后来得了尿毒症，又开始怀念，当初长褥疮的时候；又过了一些年，要透析，清醒的时间很少，便又开始怀念起，刚得尿毒症的时候。人生无所谓幸与不幸，只是两种不同境遇的比较罢了。"对此，大仲马也有类似的感悟，他在《基督山伯爵》中写道："世上无所谓幸，也无所谓不幸，只有两种境遇相比较而已。"因为永远有更好，所以不如记住，当下已是最好。

第一节　如何应对不确定感？

一、下次不确定什么时候见

"下次见"的含义其实是"下次不确定什么时候才能再见"。

富士山今天还是好天气，但不知明天是否继续？

现在的疾风骤雨，会不会消失，还是转换了形式，走了又来？

关于"未知的、随机的变化"，如今已经被赋予了新的名词，叫作"不确定性"。

1. "不确定"里包含什么常见情绪？

①迷茫感、迷失感

迷茫感，就是看前路一片白茫茫，没有明确的道路指向，什么都看不清，找不到前路的感觉。迷茫时，人们会感到无所适从，眼神很难聚焦，脸上毫无表情。这是因为人们不知道前方对自己意味着什么，或是自己要做什么，找不到具体的方向，脑中一片空白。

迷失感，比迷茫感具体，原本有具体的方向路径，能够明确目标，但可能是迷路了，暂时失去了目标，或者目标被迫终止，这时候我们就会产生迷失感。迷失感就像航行在海上的船，突然被笼罩在迷雾里，失去了灯塔的指引，暂时偏离了航线轨道。

迷茫感是想做但不知道做什么，没有计划目标。

迷失感是最开始知道要做什么，但在行进中，逐渐失去了目标。

迷茫感和迷失感时常伴随我们人生的每个阶段。

②**不确定感**

不确定感,就是一切充满未知,认为计划会变化,可能会变那样,也可能会变这样。有时,心里默默地下定了决心,或者制订了一个小计划,但你感到即便下定了决心或者制订了计划,未必能够就有十分的把握实现,因为成功与"七分打拼,三分运气"有关,而运气这事真的不是自己可以控制的。有时,你并没有什么明确的计划和想法,你感到任何事情都无法看得那么清晰,内心也会产生不确定感。

不确定感,打破了"有因必有果"的绝对化联结,是更符合时代精神的包容态度。

起初,我们做计划的初衷是明天执行的方向更清晰。

然后,我们想要为计划赋予更加万无一失的可控性。

突然在某个时刻,我们明白了根本不存在"今天就能够确定的明天"。于是我们放弃了做周全计划的打算。

明天到来前,我们的计划更少了,一切变得敷衍和随意。

最后,我们决定尝试不做计划了,瞬间轻松了。空闲的时间多了起来,但会不会又太浪费时间了?

似乎任何计划都不做,也容易迷茫不安。

③**不确定感极易引发慌乱、害怕、恐惧等次生情绪**

慌乱,通常来自对未知的困惑和对未来的无法预测。因为不知道将要面对什么,或者自己能否成功地处理这个新的挑战或情况而慌乱。害怕,则是对可能发生的负面后果的过度担忧。恐惧,是内心的不安带来的。当我们面临可能发生的危险时,就会感到恐惧。

在迷茫、迷失、不确定感及其激发的这些情绪的影响下,人们的本能行为反应一般有逃避面对、顺从安排或者积极求变。

2. 感到不确定后的行事者类型

·**逃避面对者** 当被偶然的不确定影响后,这类人可能会选择避开,不去直面不确定的感受,他们可能会采取一些短期的逃离措施,如沉迷于娱乐、逃避工作或其他责任。这种应对方式虽然可以暂时减轻不确定感带来的压力，但并不能解决问题。

·**顺从安排者** 他们在面对不确定性和变化时会选择接受它们，不做任何对抗。顺从命运安排的人，对待事物的看法和需求倾向于顺其自然。这类人一般曾经历过比较多的失败或者打击，认为能力、信念很难打败不确定，因此做出了顺其自然的人生选择。

·**积极求变者** 这类人面对多变的处境时，会乐观应对，主动迎难而上，尝试与命运做斗争，努力重新掌握主动权，会坚定地不断做尝试，以变化来应对变化。积极求变者对做命运的主人有强烈的渴望。

从情绪应对来看，逃避面对者可能会短暂感到轻松，但长期来看逃避并不能解决问题。顺从安排者，对于情绪和心态的掌控相对松弛，没有他们不能接受的事情发生。积极求变者获取能量的方式就是迎难而上，应对变化和挑战。他们会通过及时调整策略，主动尝试改变不确定的处境，不确定对他们来说是机遇和希望，他们会为希望雀跃。需要提醒的是，尝试调整策略来应对不确定性，可以让积极求变者感到进步和突破，但也要警惕过分执着而带来的伤害。

二、人生的小确幸

你是被确定牵着走的人吗？

被确定牵着走的人，往往追求一种"超出自己视线范围"或者"高于自己当前能力上限"的宏观的确定。然而，这些确定性与他们实际能掌控的并无直接关联。还有一些达到目标就躺平的人，他们追求的是舒适区的确定。他们在成长过程中感到舒适，但这种舒适并不是以结果为导向，而是以过程为导向。

能够真正预知未来的人，并不存在。

而那些富有远见的人，其实是拥有一种把"不确定"活成"确定"的情绪调节能力。

当"不确定感"过于强烈,甚至对我们的日常造成影响,该如何克服和调整呢?

1. 学会把"我不确定"变成"我不在意"

应对不确定感这种负面情绪,要学会把"我不确定"变成"我不在意"。

"我不在意"并不代表对事情不重视,而是说我们在面对那些无法控制的事情时,不过于纠结,不让它们影响我们的情绪和行动。比如,当我们参加一场比赛或考试时,虽然我们尽力准备,但最终的结果依旧是不确定的。这时候,我们可以告诉自己:"准备的过程让我收获了进步,不要太在意结果。"这样,我们就可以减轻或避免对不确定的害怕和担忧。另外,以下方法也可以帮助我们转变心态。

·**明确不明确的** 我们要明确"人生本来就是不确定"这个事实。我们无法预测未来会发生什么事情,也无法掌控所有的局面。既然我们无法改变这个事实,那就只能改变自己的态度。把"我不确定"变成"我不在意"就是一种非常有效的转变心态的方式。

·**明确事情的轻重缓急** 要明确这件事情的实际重要性,思考它是否真的对你的生活、目标或幸福有任何影响。如果它是无足轻重的小事,那么就不值得你花费太多的时间和精力去关注。

·**避免反复思考** 避免反复思考这件事情,不要让它一直占据你头脑的空间。如果你发现自己无法停止思考,尝试转移注意力,或者通过写下你的想法来释放情绪。

2. 牢牢把握好人生的小确幸

学习把握好"小确幸"是一种可以将注意力集中在自己能控制的事情上,而不是那些无法控制的事情上的方法。我们无法控制的事情会让我们感到不确定和不安,但是我们可以把注意力集中在那些能够控制的事情上,这样我们就可以感到更加自信,更有决定权。

"小确幸"一词出自村上春树的著作《兰格汉斯岛的午后》。小确幸就是指最平常生活里那些小小的、细微的、简单的快乐，这些轻松就能够得到的快乐，给我们带来了"小小的、确实的幸福"。比如，路边看到的一丛明艳的鲜花，去咖啡店里和恋人一起看路人经过，吃到一块好吃的蛋糕，炎热的夏天在海边"咕噜咕噜"一口气喝下满杯冰镇汽水等。

小确幸是我们关于平凡日常的点滴感受。让那些困扰我们的人生大事随着小确幸的满足而变得不再那么重要吧！

·**学会感恩和享受生活中的点滴** 无论对家人、朋友、同事还是生活中的小事情，我们都应该心存感激。你可以每天记录一些让你感激的事情，这样可以帮助你更加关注生活中的积极方面。你还可以尝试不同的爱好和体验，如旅游、看电影、听音乐、阅读等，让自己享受生活中的美好。

·**重点关注自己的成长** 不断地学习、成长和进步可以让你感到充实和满足。你可以制订个人发展计划，如学习一种新技能、参加培训课程、读书等。

你要记住，打倒我们的永远是"超出我们能力范围的欲望和不甘"，而渺小的我们，只要能够抓住"确定的小小幸福"就好。

第二节 什么是侥幸心理?

一、心存侥幸

某天下午,你的手机弹出暴雨预警信息,而这时你正计划出门买菜,认为不出门会耽误计划,而带伞又觉得麻烦。你对自己说:"应该不会这么快下吧,我去去就回。"于是当你拎着一堆菜肉,在回家的路上,被突如其来的暴雨淋湿的那一刻,你懊恼不已。

"万一通过了呢?"

"我也许是个例外呢?"

"我不会这么倒霉吧?"

明知不可为而为之,盲目乐观却又深知背离事实。面对问题,倾向于走捷径,而不想脚踏实地遵守规则。因为感觉人生艰难,常常会有不想再努力的心理,期待可以"一夜暴富",或者傍上大款。更有甚者,铤而走险,成为游走在法律边缘的犯罪分子。

侥幸是我们在面临没有把握的事情时,由于自我评价不高,自身实力不足,认为达成目标需要求助外在力量而产生的一种情绪。

如果我们面对的未来有比较高的把握和确定性,那么不管结果如何,都不会有侥幸心态出现。

但是随着令人看不清、不确定的事件越来越多,"侥幸"已经成为现代社会的一种寻常心态。

1. 不幸和侥幸

我们在面临各种各样指向成败的选择时,除了自身全力以赴地拼搏、外在力量的支持外,都会相信一定还有部分"运气"因素存在。产生侥幸或者不幸情绪，都在说明我们承认机遇或者概率在成败中所起的重要作用。

·**不幸** 觉得很倒霉，将失败的原因归咎于运气不好，这种内心不愉快的体验就是不幸感。对于一件事情，如果我们一直在努力，并且付诸很多心血，然而进行的过程中并不太顺利，最后的结果甚至比预期的糟糕，自己最害怕面对的窘境还是发生了，我们就会感到不幸。事情失控的程度越高，结果与预期的距离越远，那么这种不幸的感受就越强烈。一旦感到不幸，人们就会觉得一切努力丧失了意义，如不及时地处理和调整情绪，则会影响心理健康，甚至会引起极端人格的出现，如反社会人格等。

没有人想要不幸，于是为了避免不幸发生，人人就会千方百计地心存侥幸，期待侥幸的发生。

·**侥幸** 侥幸的意思是，偶然地、意外地获得好处，或者成功地躲过不幸的遭遇。这种现象被认为是由于人们对于非分之物的贪婪追求，以及想要不合理地避免风险所导致的。例如，在考试中，某位学生没有准备充分，但是由于偶然的原因，最终获得了高分。这种情况下，该学生会感到侥幸过关。侥幸里含有窃喜和庆幸的心理。窃喜就是偷偷地欢喜和开心，不敢过于高调。当我们意识到自己避免了某种不幸或危险时，我们会产生"庆幸"躲过一劫的心理。将成功的可能性归为运气，那么当这件事真的成功时，内心庆幸和窃喜的感受就是"侥幸感"。

简言之，"一夜暴富""天上掉馅饼""中彩票"的心理都是侥幸。

心存侥幸的人，他们可能会因为一次偶然的收获而过于兴奋，从而忽视了现实中脚踏实地努力的重要性。他们会沉迷于这种偶然的惊喜中，希望通过继续得到这种惊喜感来维持兴奋状态。然而，他们却没有意识到，这样的做法只会让他们更加忽视现实，凭着侥幸的心态，懒散、无为地度日。

2. 侥幸是人性弱点

·**侥幸就像"吗啡"** 侥幸有时候是人们出于自我保护的本能反应。

在面对未来的风险和危机时，人们可能会感到不知所措，而侥幸就像用来麻木自己神经的"镇痛剂"，是一种与现实相反的乐观感受，暂时用于稳定人们痛苦的情绪。但是滥用镇痛剂也会产生恶性后果，如依赖，忽视真正的风险。

过度依赖侥幸心理，祈求意外收获，最后可能会得不偿失。虽然侥幸心理，有自我保护的企图，但有时候不仅没有保护好自己，还会让自己陷得更深，甚至给社会造成危害或严重影响。很多的事例表明，侥幸者的结局并不会太好。被侥幸心理驱动的行为，总是与常理相违背。

当然在某些特定情况下，你用侥幸来给自己预埋一些乐观，以便扛住强烈痛苦的伤害，在医学上是被允许的。这是在特殊情况下，侥幸还保有的积极意义。但是，如果你对自己的控制力没有信心，那么服用"侥幸"，必须在专业医生指导下进行。

· 侥幸就如"赌博"　侥幸是不切实际和投机取巧的心态在作祟。不切实际的侥幸，容易让人们陷入盲目和冲动。当人们过于依赖运气或偶然因素时，他们可能会忽视现实和风险，陷入盲目乐观或冲动冒险的境地。例如，在投资中，一些人会依赖所谓的"内幕消息"或"专家建议"，而忽视自己的知识和经验，试图通过运气获得更高的回报。在职业选择中，有些人会寄希望于找到一个"轻松赚钱"的行业，而不是通过自己的努力和能力去获得更好的职业发展。投机取巧的侥幸，会让人倾向于采取不正当行为。一些人可能会逾越规则，通过不正当手段来获取利益，认为自己能够侥幸逃脱惩罚。

侥幸是人性弱点之一，它会让人们忽视现实和风险，产生盲目和冲动的行为。如不克服，你很容易就会被别有用心之人利用。

二、越努力越幸运

脚踏实地的人，绝不会心存侥幸。

他们更看重的是平淡无奇的生活。在日常生活中，他们通过努力和实际的操作来实现自己的价值,而不是依赖运气和偶然。对于这些人来说,因为某种原因得到了一份偶然的收入,他们必然会感到高兴。然而,他们并不会因此而忽视现实努力的重要。他们明白,这次偶然的收入可能只是一时的幸运,而不能代表他们的真实能力。因此,他们会继续努力,以实现更多的成功。

1. 克服侥幸,需要反人性

总是妄想"低投入高回报",是侥幸者的心态特点。"免费""轻松赚钱""零门槛",这些都是营销广告里利用人性弱点的常见"引流"套路。

免费的午餐是最昂贵的,识别免费背后的代价,降低存在的风险,避免心存侥幸的负面影响,我们可以这么做:

第一,进行风险评估和风险控制,对"免费"背后的代价进行预测。

心存侥幸的时候,人们很难抵御"免费"这两个字的吸引。当侥幸出现时,我们需要保持理性,冷静思考,我们需要学会问问题,了解免费背后的真相。例如,这顿午餐真的免费吗?免费背后是否有额外的付费项目?我们是否需要付出其他的代价?通过问问题,我们可以了解真相,避免为免费的午餐所迷惑。在进行任何决策之前,我们必须对"免费"背后的代价进行预测,并保持理性,不为眼前的"免费"所迷惑。只有通过深入地思考和分析,我们才能够做出正确的决策,避免为免费的午餐所迷惑。

第二,提前做好两手准备,制订A、B计划以应对风险。

当你意识到存在风险,那么风险一定会发生。不要回避风险,而是尽可能地直面它。

做好两手准备,制订A、B计划,是我自己日常常用的应对方法。A、B计划是一种双重保障的策略,即同时制订两个计划:A是主要的、正常情况下的计划,B则是备用计划。在执行任务或活动时,除了实施A计划外,还要提前考虑可能出现的风险和问题,并制订相应的B计划。如果A计划出现问题,可以立即启动B计划,确保任务的顺利完成。A、B

计划可以帮助我们更好地应对"未知和不确定"。

2. 无所求，才会满载而归

上课的时候，默默祈祷老师别点名让我回答问题，于是我就听到了自己的名字。

"越怕什么，就来什么"，侥幸，会让我们离幸运越来越远。

"马太效应"的解释是："财富往往流向不在意金钱的人手里，而那些过分追求金钱的人只会越来越缺钱。"当我们没有过度的欲望，不刻意追求某些结果，而是以一种"无欲无求"者的心态去面对不确定的未来时，反而更有可能获得意想不到的收获和满足，这就是"无所求，才会满载而归"的道理。

对任何事情，不抱"暴富"的侥幸，反而可能得到更多的回报。

不对"中彩票"抱有希望，也就不会对结果有执念。这样你就会变得非常轻松，你也会更加专注于自己的工作或者任务，屏蔽掉外界信息的干扰，幸运地躲避掉被套路的风险。

3. 要相信，越努力越幸运

虽然努力不一定获得成功，但不努力一定离成功更远，离失败更近。我们要意识到，幸运其实也可以通过人为获得，运气也包含主观的因素。当我们专注于目标时，我们会更有可能发现新的机会，或者在挑战面前找到创新的机遇。比如，一个随机的对话、一个意料之外的联系等都会让我们更加确信"机会永远留给做好准备的人"这个道理。没有做好准备的人，很难发现机遇，更别提把握机遇，于是"幸运"就会从他们身边溜走。

然而，我们也需要明白，"努力"并不等于"幸运"。有时候，即使我们付出了所有的努力，也可能无法达到目标。在这种情况下，我们应该把失败看作一种学习的机会，而不仅仅是一种挫败感。我们需要从失败中吸取教训，重新评估我们的策略，然后再次投入战斗。

怀抱"越努力越幸运"的信念,拒绝侥幸心理,是在提醒我们自己:通过脚踏实地的努力,我们或许可以创造"幸运降临的可能性",始终保持对生活的热情和信心。

第三节 无力表达的感觉

一、了解无力感

通常,我们会倾向于理性判断趋势,如顺应逻辑的推理,基于实践经验的风险预判等。但随着用理性和非理性、科学和非科学都无法解释清楚的事情,总是毫无预警地频繁发生,我们开始深刻感受到——无力应对未知和不确定是一种什么体验。

不是每件事情的出现都会遵循着常理和逻辑;也不是每个问题都能够得到解决方案。当事情不在自己可以控制的范围内,无能为力就会充斥着我们的心灵。

1. 无力感,可能是一种人们几乎无法克服的情绪

小时候,大人告诉我们只要考上大学,未来就有出路。当我们读了大学之后,发现就业形势一年比一年严峻。终于,我们毕业了,好不容易找到工作,开启了"社畜"生活,工作逐渐占满了我们所有的时间和精力,但是钱却并没有攒下来多少。我们辛辛苦苦努力到 30 岁,还没车没房,在父母的帮助下终于凑齐了首付,然后开始背上了高额房贷,过上了比没买房前还拮据的房奴生活。无论是有人在持续施予帮助,还是最后完全靠自己,似乎伴随着普通人的日常就是:一波未平一波又起,一个问题接着一个问题。

虽然我们清楚地知道出了问题,但问题却无法立即解决。这种令人不知所措的情绪,就是无力感。

2. 区分无助和无力

感到无助，是内心倾向于认为不能解决问题的原因是"他人没有帮助"；而感到无力，是内心笃定问题不能解决的主要原因是"自己能力不足"。当我们意识到事情怎样都无法控制时，无助感和无力感时常会交替出现或同时出现。

·**无助感** 个人会感觉无助，是因为"没有外在力量支持"。

无助就是无人相助，失去外在力量支持和帮助的感觉。无助感是将不能改变事情的因素，归咎于缺乏外在力量支持。在现实生活中，我们时常会遇到各种困难和挑战，当我们对外在力量的支持存在依赖和期待时，总是依赖他人给予帮助支持，或者认为需要他人帮助，才能渡过难关。而满怀期待下，"救世主"并没有出现，我们的希望落空，那种无助的情绪便会侵蚀我们的内心。

·**无力感** 一个人感觉无力，是因为他"没有内在力量支撑"。

无力是无能为力、无可奈何、自身缺乏力量的感觉。虽然人们仍旧愿意去付出努力，但他们会认为自己的努力不能撼动结果。有时候，眼睁睁看着他人陷在问题里，自己却不能帮助他人解决问题，也会感到"有心无力"。除此之外，失去工作或生活目标，人们也会感觉很无力。

丧失拼劲和干劲，"怎样都提不起精气神""没有力气"去解决当前的问题、继续现在的工作生活等内心失去支撑力的状态，这就是无力情绪在悄悄地破坏着我们内驱力。

在无力感的状态下，人们往往认为自己没有能力解决问题，无法克服困难，甚至会对自己产生负面评价。感到无力的人常常会表现得比较消极，他们倾向于自我否定，如"我什么都没办法做""我就是不行""我一定做不到的"等。

3. 感到无力的原因

缺乏自信的人，无力感出现得较为频繁，更容易在遇到困难时就放弃努力。

①**不接受事情的不可控** 人类天生就拥有想要掌握自己人生的欲望，让事情按照自己的意愿发展。对于那些天生就有强烈掌控欲的人来说，他们会把所有的压力都扛在自己的肩上，认为足够努力就能够掌控一切。然而，现实往往并不如人所愿，似乎无论我们怎么努力，有些事情都很难改变。比如，由他人决定的事情、由老天决定的事情等，这些都不是单凭我们自己努力就能控制的。如果过于执着于所有应"尽在自己掌握"，不能接受某些事情失控的事实，那么无力情绪就会摧毁你的防线。

②**陷入习得性无助** 感到无力，你也可能是陷入了习得性无助。"害怕悲剧重演，我的命中命中，越美丽的东西我越不可碰。"这句歌词完美地诠释了习得性无助的内心表现。

习得性无助通常是由于人们经历了无法控制或无法避免的失败或痛苦，而导致他们感觉持续性的无力和无助。

陷入习得性无助的人，人生仿佛困在了恶性循环里，总觉得自己永远无法成功，认为任何事情在自己这里都会变得糟糕。这种无力的状态导致人们在面对新的挑战和机会时，缺乏动力和信心，他们认为自己注定会失败，因此轻而易举就放弃努力。由于他们认为无论做什么都不会改变结果，故而常常用懒惰、不喜欢作为逃避失败和拒绝行动的借口。久而久之，他们就习惯地躲在"自己不行"的状态里，彻底丢弃了对生活和工作的热情。

二、如何克服无力感

虽然无力感很难克服，但也不是无从下手。

无力感产生，是因为我们失去了信心。要克服无力感，首先需要审视自己的内心，了解为什么会产生这样的感觉。是什么导致我们再也不相信"努力就能改变未来"？是因为过去的经历让我们产生了对明天的绝望吗？明确答案，我们才能有针对性地改变无力的状态，重新以积极的心态应对明天的挑战。

1. 不要拒绝他人的援手

我们可以借助他人的力量来克服无力感，同时不要拒绝想要安慰你的人。有时候，我们可能会觉得自己孤立无援，无法面对生活中的问题。但是，如果能够与他人建立联系并寻求帮助，我们就会发现自己并不孤单。一定要警惕孤军奋战的情况发生，切勿抱着悲壮的情绪独自面对无力感。比如，当我们在工作中遇到了困难，可以向同事或上司请教获取支援，或者参加一些培训课程来提升自己的技能和知识水平。借助这些方式，我们可以获得更多的支持和资源，恢复内心的力量感。

2. 给自己休息放松的机会

力量减弱的我们，一定要学会蓄力来恢复自身的能量。这意味着我们要留出一些时间和空间来放松和休息，以便重新充满活力。比如，我们可以在周末或假期里去旅行、看电影、读书或者做一些自己喜欢的事情。这些活动可以帮助我们摆脱工作的紧张和压力，让我们的身体和心灵得到充分放松并恢复。

3. 在明天没到来之前，先别和明天较劲

留存能量，在明天没到来之前，先别和明天较劲。明天是未知的，充满了变数和不确定性。我们无法预测未来会发生什么，也无法掌控未来的一切。我们要把精力花在当下需要解决的最重要的事情，或是更有价值的事情上，而切忌在小事上过分折损元气。珍惜每一天的时间和精力，不要过度消耗自己的精力。

人生就像一场马拉松比赛，我们需要保持精力，不要和明天较劲，活在当下。只有这样，我们才能在人生的道路上走得更远、更稳健。

第四节　抑郁的尽头，是崭新的生命力

一、你为什么会感到"丧"？

"丧"的本意是失去生命力。

情绪词汇里的"丧"，特指丧失活力、缺乏生命力，总是感到悲伤、不快乐，情绪很低落。

1. 丧与抑郁的关系

丧是一种短期的抑郁情绪。当人们遇到挫折、失望或痛苦时，可能会产生一种短暂的抑郁情绪，这种情绪被称为"丧"。丧是一种心理上的不适感，表现为对生活失去信心、对未来充满悲观和绝望的情绪。在这种情绪下，人们往往会感到快撑不下去了，甚至想要放弃一切，选择躺平。丧这种感觉大多时是暂时或偶发的。持续很久的丧，可能与心理障碍有关，需及时寻求专业的心理治疗。

丧的产生往往与多种因素有关。比如，生活在压力之下的人可能更容易产生丧的情绪；性格内向、缺乏自信的人，也更容易陷入丧的状态。

2. 丧的主要表现

- **低评价** 贬低自己，用消极的态度看待自己。
- **低欲望** 没什么想要实现的，内心需求逐渐消退。
- **丧失快感** 不能从日常活动中获取快乐。
- **丧失秩序** 日常工作生活变得失序且混乱。
- **低行动力** 缺乏行动力，无精打采，容易疲劳。

3. 感到丧，你可能是到"瓶颈期"了

当我们在感到绝望的时候，希望依旧是存在的，如果沮丧的你感到生命的流动在某个时刻变得缓慢无力，也许你只是因为恰好路过"瓶颈期"而已。

进入"瓶颈期"的人们，会突然感到情绪和行为像被卡在某个阶段似的，一切不能由自己掌控。

长期处在"瓶颈"状态下，很多无法克服"瓶颈期"的人会逐渐放弃挣扎，接受现状。但更多的人，从来不会放弃，他们努力寻求"瓶颈期"的突破口。

4. 感到丧，你可能是累了

每个人都有这样的时候，感觉全身无力，情绪低落，无精打采，心情沉重。你可能会问自己："我怎么了？感觉好丧，没有一点儿活力。"这很可能是疲劳导致的。

上班一周，整个人被吸干了精力。每天从早到晚都在工作，很少有时间休息。作为护士，经常熬夜值班，工作时间长，生活不规律。作为程序员，长时间在电脑前工作，缺乏运动和社交，身心疲惫不已，情绪低落，对工作失去了热情。

除了体力和脑力上的消耗，精神上的消耗更让人感觉到强烈的身体疲惫。什么都没做，但也感觉丧，整天都打不起精神，这种情况也可能与情绪"内耗"有关。

感到丧的时候，也许你只需要睡个好觉，休息一下。

二、你可以与"丧"共存

"我虽然不至于不幸，但也不快乐"，这是韩剧《我的解放日志》里女主三妹的心声，说出了每个身处这个年代的人常有的困感。通勤时间漫长耗时，公司氛围压抑，被坏男人骗色又骗财，三妹所面临的困境很像我

们大多数人的生活状态。成年人的时间精力,全部消耗在了那些无法由我们自己控制的事情上。我们需要工作的收入,但并不想参加公司的聚会活动;我们需要爱情,但总是无法抵御坏人的伤害。我们疲惫不堪,却又找不到摆脱困境的方法。在这样的生活中,我们并没有遭遇危及生命或生存的危机,但始终存在着难以消除的不快,"无论做什么,始终很难快乐"。

如果你也出现这样的情况,我认为你至少应该意识到:这样的生活状态是存在问题的。

1. 现在不流行热血,流行"丧燃"

本来在应该非常沮丧的时候,反而迸发出令人振奋的力量。这股由"丧"而重燃的力量,可以扫平一切阴霾。"丧燃感"一词最开始出现在年轻人群里,传达他们既"丧"也"燃"的心声。这种情绪包含了人们对当前社会普遍"很丧"的不满和"丧在蔓延"的抵抗。

负面情绪会传染,长期处在负面压力环境下,自身的能量也会被逐渐消磨。竭尽全力向外表达"丧燃"情绪的人们仿佛在说:"我实在不想再继续丧下去了,振作起来,一起拼搏吧!"

丧燃更能准确描述当代年轻人面对生活和生存压力的积极态度。毕竟曾经无知幼小的我们,已经长大了。尽管丧失了快乐能力,我们仍旧有权利将拳头支棱起来,充分地呐喊和表达自己的"不服气"。用尽丧燃的力量,去面对这个让人"怎么也快乐不起来"的成人世界,虽然这力量是孱弱的。

2. 丧能指导生

《我的解放日志》里,母亲终日在为家庭操劳,很少笑,为丈夫做了一辈子的饭。她关心三姐弟的生活、工作,照顾丈夫的情绪和生活,每日不停歇的劳动让她没有余力去过自己的生活。三姐弟的父亲终日只关心工作,很少过问孩子和妻子的生活。而三个姐弟,也在研读着各自的人生课题:三妹总是将苦闷情绪都隐藏起来;二弟天真善良,但也说出了"我这辈子，从来没感受过喜悦、快乐和着迷的感觉"这样的感叹；大姐非常渴求爱情，却至今没有觅到心上人。

只要活着，每个人都要面对相似的苦恼。无解的苦恼阻挡着自由的灵魂从躯体中"解放"的机会。

而母亲的悄然离世，就像一个转机。母亲在死去之前，是家庭的核心和精神支柱。而成为家庭核心，是母亲完全牺牲掉自己的个人追求换来的。她的死去，意味着五口家庭的垮塌。母亲用自己的离开促成了家庭的解体。孩子们意识到继续留下来，很难改变现在的生活状态，他们搬到了首尔，困扰他们的烦恼慢慢得到改变。父亲也意识到不能一辈子把心思扑在工作上，他卖掉了农田，开启了崭新的生活。而属于母亲的"生机"也终于到来，她不再需要为家庭终日操劳，她可以走出家门过自己的生活，哪怕是以死去的方式，但她终于能够在另一个世界随心所欲。

我们的人生，不存在完全圆满的结局。"丧能指导生"的意义在于，在丧的状态下，我们会迸发出"置之死地而后生"的勇气，而绝望的勇气会将我们带向"换一种活法"的道路上。

连死都不怕的时候，为什么我们还要害怕"换一种活法"？

我曾经因为极度害怕失败而患上重度抑郁症，我在绝望之巅写下过"遗书"，在丧失"醒过来"信念的夜晚，进入"不愿意醒来"的沉睡。大概是因为"再多的努力，也换不来希望"，大概是"睁开眼后，不知道会身处何方"……

那时候，坐在悬崖边际的我，害怕的似乎不是死亡，而是害怕活着，害怕回头过后，"依旧是且只有唯一的那条路可走"。而人生，是否真的只是一条"单行道"？当然不是。

人生是多边且广阔的旷野。

当我发现，我害怕的是"现在这种单一的活法"，我害怕的是"心底的执着"时，昏睡的我在意识觉醒中逐渐苏醒。我做出了"放弃坚持，承认失败"的决定。我和家人亲友摊牌了，"我确实没办法继续下去了""我累到只想永远睡过去"。

　　醒来之后，我为自己接下来的人生，选择了"另一种可能"，我得到了家人和亲友的声援和支持。我感到自己萌发了和之前不一样的生命力。

　　"沮丧""难过""痛苦"终有尽头。抑郁的尽头，并非完全只有绝望，也可能会出现另一种崭新的生命力。

　　不该执着的，放弃吧！过另一种人生，为什么不行？

第五节　太放松，也会焦虑

一、焦虑情绪的源头

1. 对未来的不确定是"焦虑不安"情绪的催生剂

未来充满了各种变数。无论是个人生活还是社会发展，都存在着许多不确定性因素。

当面临未知的未来时，我们可能会开始怀疑自己的能力和价值。我们会问自己，"我是否足够优秀""我是否能够应对未来的挑战"等。而那些非自己能够决定的未来，又会让我们总是不停地怀疑未来，于是，我们向未来提出问题："我不变，但你会不会变？""我不变，老天爷会不会变？"

我们并不能从未来那里听到明确的回复，我想这就是"焦虑"的缘由。

2. 当下的生存和生活失衡是焦虑的源头

生存和生活是我们每个人都需要面临的议题。

生存是"活下去"的基本保障。像我这样普通又平凡的人，从小就很清楚，我想要活下去，必须通过努力工作才能创造资产增长的机会。

生活是"活得好"的更高追求。生活就是爱情、自我等与生存无关的东西。好的生活，需要最基本的生存资金予以保障。如果你总是在生存线上挣扎，而又渴望拥有满足感，那么你会被"没活好"的心态困扰。

要实现自我成长和价值，我们不仅要打好坚实的生存基础，还要对自己的内心追求有通透的理解。

生活和生存不是完全递进的关系，很多时候，二者是需要融合和平衡的。

然而达到生存和生活完全平衡，几乎没有几个人能够做到。而两者过度失衡，又会造成压力过大的倾斜。无论如何做，感觉二者都不好应付，此时，焦虑情绪就出现了。

3. 太放松，也会焦虑

既然努力不一定能够成功，那么何不"躺平"以换取轻松？

除了在为生存基金打拼的普通人，社会上也存在一些顶级"有钱人"，他们并不需要通过工作来换取生存资本。小马就是这样的富二代，他是含着金汤匙长大的，衣食无忧，在我们普通人眼里，从来不需要为不稳定的收入、不稳定的生活而苦恼。他本可以过上"躺平"的生活，但他最近在为努力却没有收获而焦虑。

"我参与的项目，熬夜做了很多方案，最后还是全部被否掉了。"小马沮丧地对我说。

"你可以不做啊，为什么还要那么拼？"我挺好奇。

"我想证明自己吧！而且我还挺喜欢设计师这个工作的。毕竟没有人想要被人指着鼻子说：'你只能靠家里的矿。'"小马略显无奈。"我也想要过无所事事，但躺久了也会累，也会感觉空虚、失落，没有价值感。"

"所以，即便是不缺钱，但是也需要有事干才行，对吗？"我问。

"那肯定啊！成就感是实现内心追求才能得到的。虽然我不缺钱，但是我需要首先得到自己的认可。否则，我也和'一事无成'没差别。"小马说完，克制住丝丝焦虑，又重新进入了工作中。

放松是让我们短暂地从"意义感"操控中解放出来，但太放松，则容易让我们完全失去"意义感"和"目标感"。长期下去，"无目标感"和"无意义感"会吞噬我们的积极能量，造成焦虑不安的情绪。

二、如何应对焦虑情绪

松弛过度，容易引发焦虑。

松弛有度，定能不困于焦虑。

松弛感，不是策马疾驰，也不是放任自流。松弛有度的人生状态，是一个自己能够"适当松"，又能"及时紧"的、"合理有度"的状态。

松弛感，不是拒绝情绪的流动和发生，而是在大多数时间里，能够将情绪松弛有度地稳定在一个合理波动范围内。

但强求情绪完全稳定如一条直线，也不是"允许一切发生的态度"，这是缺乏情绪韧性，失去活力的象征。因此，过一个松弛有度的人生：既"保有部分焦虑"促使我们进步，而又"杜绝焦虑过载"阻碍我们前进，才是更符合这个"不确定时代"的生存模式。

1. 适当的工作，可以克服焦虑感

幸福感里包含了自尊感、价值感的获得。我们通过工作，可以实现对自己的尊重，也能得到他人的尊重。在当今人们越来越独立的社会，每个人都越来越"不靠谱"，虽然人人都有"不劳而获"的想法，但真正敢于付诸行动的仍旧是少数。即便是确确实实在享受着"他人赋予的财富"的人，也是通过"不为人知的付出"换取的。

首先是能够通过"工作"换取尊重和生存基金，然后才能去谈论更高层次的精神生活追求。长期不工作，逐渐丧失社会价值的人，也会陷入焦虑和抑郁情绪。

有时候，我们很难完全区分生活和生存。生存有时候已经成了我们生活中的一部分，而生活又需要生存作为基础才能实现。因此我提倡每一个人，至少需要把工作当成生活上"实现自尊感，满足自我追求"的一部分。在我们还能够为社会创造价值的年纪里，尽量不要彻底"躺平"，不要放弃工作。

2. 保持节奏感，可以克服不安

节奏感，是按住内心不安的重要方式。没有节奏感的人，容易被生活、生存的混乱不堪带偏。人生一旦失去秩序，你也将随即失去处理问题的能力。焦虑不安只会将你带到更糟糕混乱的状况中。

保持节奏感，是需要制定一个"当下最适合自己"的生活方式和节奏。每个人当前所面临的情况，以及内心需求都是不同的，因此，"如何设计好节奏感"没有一个通用的答案。有些人可能更喜欢忙碌而充实的生活，愿意投入更多的时间和精力来实现自己的目标。而有些人他们可能更倾向于保持相对轻松的状态，享受生活中的小确幸。克服焦虑感，最重要的是要根据自己的需求、兴趣和实际能力来制订适合自己的工作和生活计划，而不是盲目地追随他人的期望或社会的标准。

3. 培养好奇心，可以克服对未知的不安

培养好奇心，也能克服一定的焦虑情绪。我们总是对未来过度焦虑和担忧，如果我们把对"未来的焦虑"转变成"对未知的好奇和探索"，那么未来就不再那么可怕。培养好奇心，探索新鲜事物，不仅有助于我们克服焦虑情绪，也能够为我们的生活带来更多的乐趣和惊喜。无论是对世界的探索、对知识的追寻还是对自己的成长和发展，保持好奇心都能够帮助我们找到更多的选择和机会。

记住，每个人的人生都是独一无二的旅程，没有固定的轨迹和标准答案。

我们需要接受自己的不完美和不确定性。要相信自己的能力，去创造属于自己的幸福和成功。无论遇到什么困难和挑战，只要保持积极的心态和坚定的信念，我们就能够克服困难并迈向更美好的未来。

第六节 灵活度：未知的盲盒更有趣

一、灵活度，即面对变化时的良好应变能力

"不确定性"已经被确定是属于这个时代的标签，我们该如何面对它？

古人言"变则通，通则达"，懂得以"变化"应对"变化"才是关键。在变化之中，能够拥有灵活的心性，就是我们走向美好未来的开始。

面对各种变化带来的不确定性，无力、焦虑、迷茫、恐惧、怀疑……逐渐成为普遍的社会情绪。

当被偶然事件影响后，一部分人群可能会陷在负面情绪里不知所措，一部分人则会迅速地整理好思绪，不断地求突破，做尝试，以变化来应对变化。能够接受变化、灵活应变的人，总是能够把"不确定性对心理的刺激"当作蜕变和成长的机会。不确定对他们来说，是不同的机遇和崭新的希望，他们会为此而感到激动和雀跃。

这样的人拥有这个快速多变时代最宝贵的能力——灵活应变。

面对挑战，能够随机应变，以创新的精神、灵活的形式来应对，就能更从容地面对生活中的挫败和伤痛。化"危险"为"机遇"，顺利地渡过难关。

例如，在新冠肺炎疫情期间，能够及时调整自己的工作方式，及时寻求远程工作机会的人，往往能够在居家生活中保持情绪稳定并成长发展。而当直播带货兴起时，那些能够顺应趋势的企业，往往能够及时抓住机遇，抢占更多的市场份额。

如果收入锐减，那么我们就克制物欲，选择"消费降级"和"极简化"

的新型生活方式。

当我们必须考虑终止远行计划时，那就好好待在家里，与日常的花草鸟木和身边的小事平静地相处。

……

而身处于变化中，却不懂得灵活调整的人，则只会想着"我就要这么做""不那样做就不行""无论如何都要按原计划执行"……奋不顾身地坚持。这种负隅顽抗的方式，往往让人感觉很受伤。

为了不让自己更难过，与其要求万事都理想和圆满，不如接受不完美的事实，然后灵活地改变计划。

有明确的目标和计划，对我们很重要。但我们也要意识到，"未知"的力量，并非遵循常理可以抵抗。如果坚持不变并坚决抵制改变，我们就会为理想和现实之间的焦虑、不安、痛苦等情绪所束缚。

二、一定不要把我们的未来，塞在理想的条条框框里

"只有那些我们还没有去过的地方，才能吸引我们，让我们去探索。"马塞尔在《追寻逝去的时光》里的这句话，仿佛就像在替我倾诉着热爱旅行的理由：我们总会因为想要追求未知的有趣，而乐于冒险，开启一段探索陌生领域的旅途。

盲盒是近几年风靡世界的一种产品贩售模式。它是一种看不见内部商品的玩具盒子。盒子内部会被随机装上商品，盲盒不仅外包装看起来完全一致，并且还有一个相同的特点：在打开盲盒前，没有人知道里面究竟是什么东西。

盲盒之所以受到欢迎，正是因为它的随机性和不确定性。

心理学研究表明，人们的行为通常会受到"强化"的影响。当我们在某方面受到正强化刺激，我们就会增加该行为的频次。比如，为了激励孩子努力学习，只要考试成绩优异，父母就会给孩子提供奖励。在正强化刺

激中,"不确定的强化刺激"能达到最好的效果,也就是要随机、不定期地给予刺激。

在盲盒经济中,商家正是运用了这种心理。大多数时候,我们抽中的盲盒是普通版,但是偶尔也会抽中特别版或隐藏款——只要我们抽取盲盒的次数足够多。如果抽中特别版的概率可以被测算出来,那么我们内心得到的激励会更大,购买盲盒的积极性会更高。

对照盲盒的贩售理念,人生其实也可以被视为"盲盒"——我们永远不知道下一秒会出现什么。

人类的大脑天生热爱冒险和刺激,每抽取一个盲盒,就像给大脑注射一剂兴奋剂。当我们试图要开始一场冒险行为时,大脑就会分泌使人感到愉悦快乐的"多巴胺"。而多巴胺的分泌是在冒险的结果产生之前就已经开始的。

也就是说,无论我们能否抽到特别版、隐藏款盲盒,当我们愿意以"什么结果都能接受""这样也好"的心态去开启未知的盲盒人生时,快乐的多巴胺就已经开始在分泌了。

愿意接受"盲盒人生"的人,永远能够以灵活自如的"玩家心态",面对盲盒开启后的任何结果。

如果"盲盒"里藏着的不是自己期待的内容,我们也许会失望失落,但不会沮丧太久,也不会对自己严苛要求。如果"盲盒"里面隐藏着的,正是自己想要的惊喜,此时的我们会尽情地欢呼雀跃,但也要时刻提醒自己不要高兴过头。

没有人能在这如盲盒般不确定的人生里,完全不背负任何压力。
也没有任何人的人生,是完美无瑕的。
接受一切可能,允许任何情况发生。
不要把自己的未来,放在理想的约束里。
面对变化和期望落空,心性灵活的人,能够及时地调整情绪状态和思维角度,以更快的速度离开灾难,适应新要求。而缺乏灵活度的人,很容易在快速的变化和失落的结果中，迷失自我，丧失内心秩序。

　　接受不确定的挑战，哪怕理想会落空。

　　期待自己的表现，享受未知的"盲盒人生"带来的有趣体验吧！

后记：

允许一切发生，过松紧有度的人生

我们之所以不在意自己的情绪小感冒，是因为我们认为感冒会痊愈。时常感冒，却从来不知道为什么感冒的人，不在少数。而预先学习了相关知识的人，对可能发生感冒的预判能力和预防能力，一定优于其他人。还有些人则是在感冒发生后，才意识到之前"淋过的雨""少穿的衣服"都是教训，希望可以通过通俗易懂的表达，分享给想要共同成长的同频者。

我是从 2010 年才开始意识到，情绪不能由自己控制的感觉多么糟糕，在不断地通过"逃避"和"压抑"的方式来回避面对自己的情绪问题后，我彻底沦为情绪的奴隶。当时，直面这道难题的是我的伴侣，他感觉到我终日被情绪困扰，时而悲伤不已，时而痛苦不堪。为了寻找原因，他尝试了多种办法。他注意到我在那段时间，工作上遭遇了诸多麻烦，他观察了我平时情绪失控的行为反应，并在一些他人分享的故事中找到了和我症状类似的情况。在那几个月里，他日常尽量注意自己的言行以免给我带来麻烦，同时也在刻意避免遭受我对他的刺激。后来，他确定我的情绪失控与心理障碍有关，陪同我走进了医院心理科。在拿到重度抑郁和重度焦虑诊断书的那一刻，我才幡然醒悟。经过治疗，我的病症在几年前痊愈。

随后我投入了心理学的学习中，同时开始研究日常该如何与自己的小情绪友好相处。

我认识到，每一个情绪，都是有其含义的。情绪的发生也都是带有目的的。

坦白来说，从学生时代到工作阶段，我总会把情绪放在不合适的位置，甚至会把情绪尽可能地压抑到底。在完全对情绪无感的日子里，我不能意识到情绪是对自我的袒露，更不能感受到管理好情绪对事情和关系的发展有重要的作用。

一个人真正的成长，是清楚地懂得情绪是什么，自己的情绪有什么，如何处理这些情绪，而不是糊里糊涂地陷在情绪对你的掌控之中，而完全不自知。

遇到失败，就认为自己人生尽毁，一事无成。遇到不太顺利的事情，就将其归咎为全世界的问题，实际上只是在为自己的不负责任寻找"背锅侠"。为了给这些问题寻找合理的解释，我写了这本书。

感觉越糟糕，越应尽量寻找可以放松的机会。转机会悄然与你相遇。

除了日常对情绪施予关注和关怀外，我调整情绪的惯用招数就是旅行，离开让自己感到压抑痛苦的环境，走到更广阔的世界中，到自己觉得新鲜有趣的地方去。

我曾在遭遇巨大挫折后的不久，独自飞至清迈，抵达素贴山顶的寺庙。那天，乌云很浓很厚重，不久后，暴雨降临，随之是持续一整天的阴雨绵绵。我望着寺庙屋檐下坠的粒粒雨珠，感受着流过心里的忧伤，失败的经历在眼前再次浮现。

"究竟要多努力，才能躲开失败？"这是我当时的困惑。

雨渐停，乌云散去。清迈摄人心魄的魅力突然回归。倒映在素贴山涧的佛塔、水雾笼罩下的鳞次栉比的山民农家、双龙寺佛像的影子半隐在绿叶之后⋯⋯只有雨水过后，才能见到这样能够唤醒人们身心的风景，是比清迈的日常更难得一见的珍贵的美。

雨后，感到放松的一刻，我感觉困扰我的问题迎刃而解。

努力不是拼尽全力后一定要成功，而应该是尽力而为后可以接受失败。

接受失败，允许一切发生，才会创造更多可能。"可能"是不完美的缺憾，成就了另一种美好。"可能"是关系里的裂痕，让你领悟到"只有爱自己才会被爱"。"可能"是自我厌恶的背后，藏着的自己未曾被满足的真实渴望。当我们为过去而悲伤，为未来而忧虑不已时，我们才能意识到"回归当下，便是最好"。

书稿写到这里时，我恰好与两名友人分别结束对话。

朋友万万是一名瑜伽老师，忙碌过后的休假期，她带狗在国内自驾旅行。两周的 8 省 14 城旅途中，她不时地会通过微信向我分享旅途见闻，有时候是一个画面，有时候是一些感触。

"天津适合待着，你抽空自己来待两天。"

"老城区的那种老洋房，小坡梯上去里面住着好几户人家，一楼都会用来经营咖啡馆、杂货铺……挺好玩儿的，拍照也好好看。"

"听起来就很放松，好好享受，有机会我一定去。"我也心生向往。

朋友蓝蓝是一名女工程师，她也是趁着休假，出国旅行。这是她第二次独自出国，已经比第一次松弛很多。第一次，她在行前紧张不安地向我咨询了很多问题，主要都是围绕"这样……会不会很危险""英语不能开口怎么办"展开。虽然有过跟团出游的经历，但这次她是首次孤身游，还是去语言习俗、思维习惯和中国差异巨大的国外。第一次旅行之前，她总是"自己吓自己"，很难突破不安、害怕的心理难关。而第二次开始前，她显然从容放松了许多，只是简单地向我问了两个问题："……如何，值得去吗？""有什么推荐的住宿呀？"

松弛感并不是追随他人步伐随波逐流地活着，松弛是倾听自己内心，对自己更友善，学会与自己的情绪相处。

松弛感也不是彻底的放松、完全的躺平，因为凡事"过犹不及"。

松弛有度的本意，是劳逸结合，寻求紧张后放松神经的方法，而在放松过后还能回归正常。

我们松弛有度的人生，从来不应握在他人手里，而是由自己掌握。

　　本书介绍了很多情绪，以及各种情绪在不同情景下的表现形式、出现的原因等，对于如何处理好这些情绪，也针对性地给出了自己能力范围内的拙见。

　　最后，我想说的是，人生中，我们一定会经历几次放弃、失败和离开，也会经历很多"用力过猛"的悲伤时刻。遇到问题，害怕、逃避、胆怯都是被允许的，只是我们一定要懂得如何妥善处理好情绪。

　　做到及时观察、努力理解、充分倾听和完全表达，紧张的情绪方能逐渐松绑。再多操练几次，情绪才能松紧有度。

　　一旦我们懂得如何调整情绪，拥有良好的情绪韧性，我们就可以接受任何结果了，就能够随时出发去做某件事，成为不确定世界里那个最松弛自由的人。

图书在版编目（CIP）数据

你可以有情绪，但别往心里去 / 班曼曼著. -- 南京：江苏凤凰文艺出版社，2025. 3. -- ISBN 978-7-5594-8204-4

Ⅰ．B842.6-49

中国国家版本馆 CIP 数据核字第 20249GX721 号

你可以有情绪，但别往心里去

班曼曼 著

责任编辑	项雷达
特约编辑	郭海东　陈思宇
装帧设计	卷帙设计
责任印制	杨 丹
出版发行	江苏凤凰文艺出版社
	南京市中央路 165 号，邮编：210009
网　　址	http://www.jswenyi.com
印　　刷	北京永顺兴望印刷厂
开　　本	880 毫米 × 1230 毫米　1/32
印　　张	7
字　　数	201 千字
版　　次	2025 年 3 月第 1 版
印　　次	2025 年 3 月第 1 次印刷
书　　号	ISBN 978-7-5594-8204-4
定　　价	42.00 元

江苏凤凰文艺版图书凡印刷、装订错误，可向出版社调换，联系电话 025-83280757